低阶煤热解建模
及其分级利用

Pyrolysis Moding and Classification
Utilization of Low Rank Coal

王俊丽 著

U0210347

化学工业出版社

· 北京 ·

内容简介

本书以低阶煤的分级高效利用为主线,对低阶煤热解特性和热解产物的深加工试验研究进行了详细阐述。通过实验和模拟相结合的方式,对低阶煤热解反应动力学特性、颗粒尺度下煤脱挥发分过程中的传热-反应耦合过程进行了揭示;对低阶煤与生物质热解、产物半焦的气化及焦油的提质均进行了一定程度的基础研究。本书提出的低阶煤热解动力学模型,大大提高了动力学模拟精度,能够更加准确地定量描述低阶煤热解全过程,为低阶煤分级高效多联产技术的工业化应用提供参考依据。

本书可供化工相关专业的科研工作者、大学教师和研究生学习参考。还可供煤科学与相关领域的技术人员使用。

图书在版编目(CIP)数据

低阶煤热解建模及其分级利用 / 王俊丽著. —北京:
化学工业出版社,2021.10
ISBN 978-7-122-39745-4

Ⅰ.①低…　Ⅱ.①王…　Ⅲ.①煤-高温分解-利用-
研究　Ⅳ.①TQ536

中国版本图书馆 CIP 数据核字(2021)第 169448 号

责任编辑:张　欣　李晓红　　　　　　　装帧设计:刘丽华
责任校对:田睿涵

出版发行:化学工业出版社(北京市东城区青年湖南街 13 号　邮政编码 100011)
印　　装:涿州市般润文化传播有限公司
710mm×1000mm　1/16　印张 9½　字数 150 千字　2021 年 11 月北京第 1 版第 1 次印刷

购书咨询:010-64518888　　　　　　售后服务:010-64518899
网　　址:http://www.cip.com.cn
凡购买本书,如有缺损质量问题,本社销售中心负责调换。

定　　价:58.00 元

前　言

　　我国煤炭资源丰富，低阶煤所占比例大。依据低阶煤的组成与结构特征，以高效热解技术为先导，进行"中低温热解-热解产物深加工"的多联产技术路线，是实现低阶煤清洁高效梯级利用的必然选择。通过分级分质利用可以提高低阶煤资源的利用效率，获得国内紧缺的油、气产品，降低环境污染，实现系统整体效益的最大化。

　　低阶煤热解是分级高效利用的第一步，也是最重要的一步。对该过程的定量准确描述是揭示众多热解实验现象本质的关键，是精准模拟热解过程的基石，也是反应器设计及放大的重要组成部分。为此，本书首先建立了描述单颗粒煤热解的一维非稳态宏观动力学模型，从颗粒尺度上详细地研究了低阶煤热解时颗粒内复杂的物理化学过程。该部分首次采用等转化率方法和模型拟合方法相结合的方式对分布活化能模型（DAEM）进行了动力学参数的求取。之后，基于获得的本征动力学参数结合传热模型，建立了单颗粒煤热解模型。为进一步提高低阶煤微观动力学的精度，更加接近低阶煤热解的本质，作者首次提出了描述低阶煤热解过程的 3 中心分布活化能模型（3DAEM）。该模型为研究煤的热解机理提供了一个新的方法，该方法同样适用于煤与生物质的共热解过程，且获得的动力学参数可被用于进一步的多尺度模拟研究及工业反应器的设计中。基于低阶煤与生物质具有相似性，且化石能源不可再生，通过非等温热重实验和固定床实验进行了低阶煤与生物质共热解实验研究。热解剩余半焦的高效利用及热解焦油的提质是实现低阶煤清洁高效分级利用的基础组成部分。为此，通过可视化流化床反应器对半焦水蒸气气化进行了详细的基础研究。最后针对共热解焦油中脂肪酸含量高、热值低、对设备具有腐蚀性等问题，选用甲酸作为焦油模型化合物进行了催化实验研究。本书研究内容面向国家节能减排与可持续发展的重大战略调整，服务于化石能源的高效清洁综合利用，对于我国及全球的经济、社会和环境的可持续发展具有重要的战略意义。本书主要总结了笔者对低阶煤清洁高效利用的研究成果，希望可以为读者提供更多的借鉴和参考。

　　本书得到了国家自然科学基金青年科学基金（21908135），山西省面上青年基金项目（201901D211435），山西省留学回国人员科技活动择优资助项目（2019-20）和山西大同大学博士科研启动基金（2018-B-01）的资助。

　　由于笔者学识和经验有限，书中难免有疏漏之处，敬请读者批评指正，不胜感激。

王俊丽

2021 年 6 月

目 录

第1章 绪论 / 001

1.1 研究背景及意义 / 002

1.2 低阶煤热解研究现状 / 003

    1.2.1 低阶煤热解 / 003

    1.2.2 低阶煤催化热解 / 009

    1.2.3 低阶煤与生物质共热解 / 011

    1.2.4 低阶煤热解机理及动力学研究 / 015

1.3 热解产物半焦利用技术现状 / 023

    1.3.1 半焦气化的主要反应 / 023

    1.3.2 气化剂对半焦气化的影响 / 024

    1.3.3 半焦催化气化 / 026

1.4 热解产物焦油提质研究现状 / 027

    1.4.1 焦油加氢脱氧 / 028

    1.4.2 焦油催化裂解 / 028

    1.4.3 焦油水蒸气重整 / 029

    1.4.4 焦油中含氧化合物酸性组分的催化研究进展 / 030

参考文献 / 033

第2章 低阶煤热解宏观动力学模型的建立 / 041

2.1 引言 / 042

2.2 热重分析 / 043

    2.2.1 实验煤样物性及热重分析 / 043

    2.2.2 DAEM 理论基础 / 046

    2.2.3 热解动力学分析 / 048

2.3 单颗粒模型分析 / 051

2.3.1 煤颗粒热解过程分析 / 051

2.3.2 单颗粒模型的假设 / 052

2.3.3 单颗粒数学模型的建立 / 053

2.3.4 模型的求解 / 055

2.3.5 单颗粒模型研究 / 056

参考文献 / 062

第3章 低阶煤热解 3DAEM 动力学模型的建立 / 065

3.1 引言 / 066

3.2 热重实验及实验结果分析 / 067

3.2.1 煤样的工业分析和元素分析 / 067

3.2.2 热重实验结果分析 / 068

3.3 3DAEM 模型的建立 / 074

3.3.1 3DAEM 数学模型 / 074

3.3.2 模型求解方法 / 075

3.3.3 3DAEM 动力学分析 / 076

参考文献 / 081

第4章 低阶煤与生物质共热解基础实验研究 / 083

4.1 引言 / 084

4.2 低阶煤与生物质共热解实验过程 / 084

4.2.1 实验原料 / 084

4.2.2 实验过程 / 085

4.3 生物质和煤热解的热重分析 / 086

4.3.1 煤和生物质单独热解 / 086

4.3.2 煤和生物质共热解 / 089

4.3.3 生物质与煤共热解机理分析 / 091

4.4 共热解对热解产物分布的影响 / 092

4.4.1 不同温度对内蒙古兴和煤热解产物分布的影响 / 092

4.4.2　不同配比对共热解产物分布的影响 / 095

参考文献 / 099

第 5 章　半焦水蒸气气化流化床研究 / 101

5.1　引言 / 102

5.2　气化实验过程 / 103

　　5.2.1　实验原料 / 103

　　5.2.2　实验装置及实验过程 / 103

　　5.2.3　进料器与进料速率的标定 / 105

　　5.2.4　数据处理 / 107

5.3　气化反应 / 107

　　5.3.1　半焦水蒸气-O_2气化反应 / 107

　　5.3.2　影响半焦水蒸气-O_2气化反应的因素 / 108

5.4　半焦水蒸气-O_2催化气化研究 / 114

　　5.4.1　反应器温度的影响 / 114

　　5.4.2　当量比 ER 的影响 / 115

　　5.4.3　K_2CO_3催化气化机理 / 117

参考文献 / 118

第 6 章　焦油模型化合物甲酸分解的催化研究 / 121

6.1　引言 / 122

6.2　催化剂的制备及表征分析 / 124

　　6.2.1　催化剂的制备过程 / 124

　　6.2.2　催化剂表征方法及结果 / 124

6.3　催化剂催化甲酸分解性能研究 / 133

　　6.3.1　不同条件对催化性能的影响 / 133

　　6.3.2　催化剂的稳定性测试 / 138

参考文献 / 140

第 1 章　绪论

1.1　研究背景及意义

1.2　低阶煤热解研究现状

1.3　热解产物半焦利用技术现状

1.4　热解产物焦油提质研究现状

1.1 研究背景及意义

能源是一个国家经济发展的强大动力和重要保障，是确保人类文明进步和经济发展的重要物质基础。我国煤炭资源丰富、石油天然气供应不足决定了"富煤、贫油、少气"的能源结构特点，长期以来化石燃料一直占据统治地位。煤炭是我国最丰富、最基础、最经济的能源资源，为我国的经济发展和社会稳定提供了重要支撑和有力保障。受资源禀赋、经济技术发展水平等因素的影响，综合考虑我国能源产业现状和未来发展趋势可以看出，在未来相当长的时间内，煤炭的能源主体地位是不会发生改变的。

煤炭资源种类齐全，按煤化程度来看，主要包括褐煤、烟煤和无烟煤三大类。尽管低阶煤的储量很大，但其能量较低，使得它的经济价值远远低于高阶煤，故长期以来一直被很少利用。但随着高阶煤煤炭资源的大量开采，能源资源短缺日益加重，低阶煤的高效转化和清洁利用正在逐渐成为煤炭行业发展的重点之一。通过低阶煤的加工提质及再利用，可大大缓解资源短缺问题。针对目前的煤炭利用情况，我们应该对高阶煤进行高端利用，对低阶煤进行合理利用，从而全面提高煤炭清洁、分质、高效利用水平，为我国的经济、社会和环境的可持续发展提供重要保障。

所谓低阶煤，是指处于低变质阶段的煤，主要包括低变质程度的烟煤和褐煤。该类煤具有水分含量高、发热量低、化学反应活性好、易燃易碎等特点，与高阶煤存在很大差别，因此不适合直接燃烧和运输。长期以来，作为能源和化工原料使用的煤炭基本上都是烟煤和无烟煤，其现有的燃烧装置和气化装置对煤质都有特定的要求。因此，如果低阶煤的利用技术不当，不仅会造成煤炭资源的大量浪费，而且会对环境造成严重污染。目前，90%以上的低阶煤采用了传统煤的利用方式，用作发电、工业锅炉和民用燃料直接燃烧，由此已引发一系列严重的生态和环境污染问题，低阶煤中蕴藏的油、气和化学品资源没有得到充分利用，造成了有效资源的严重浪费。在2012年的一项统计中，我国煤炭使用对大气中$PM_{2.5}$年均浓度的贡献估算值高达56%，而其中超过一半以上是由煤炭直接燃烧产生的[1]。因此，依据低阶煤的组成与结构特征，改变以往将低阶煤作为燃料的利用方式，创新低阶煤转化思路、开发低阶煤转化工艺，形成低阶煤的清洁高效梯级利用技术体系，实现其合理优化利用意义重大。其中，热解就是针对低阶煤利用提出的一种较好的方式。

低阶煤热解提质是原煤清洁高效梯级利用的第一步，也是最重要的一步。由中国科学院郭慕孙院士提出的"煤拔头"工艺就是以热解为先导的煤多联产技术[2]。该工艺采用高挥发分的年轻煤在常压、中低温的较温和条件下，进行快速热解、快速分离、快速冷却，首先将煤中的高价值产物以液体形式煤焦油提取出来，剩余半焦作为燃料进行进一步应用，从而达到实现煤炭分级转化、梯级利用的目的。基于煤热解拔头工艺的技术路线可推广应用于我国的大部分热、电及合成气生产过程，实现燃烧和气化用煤的高值与综合转化，而生成的油气产品又能弥补国家在油气资源上的不足与紧张。根据煤拔头工艺的思想，中国科学院过程工程研究所现已开发了"热解-气化耦合工艺"和"热解-燃烧耦合工艺"，即在进行燃烧或气化之前先进行温和热解，提高煤炭的整体利用效率，减少二氧化碳排放，从而实现煤炭资源的梯级转化和能源的高值利用。另外，中国科学院针对低阶煤清洁利用，通过多次研讨、反复论证，结合国家"十二五"能源发展规划，提出了"以高效热解技术为先导，先提取煤中业已存在的油气资源，再将半焦燃烧、或经气化定向转化为液体燃料和化学品，是实现低阶煤清洁高效梯级利用的必然选择"的研究思路，形成了"热解-油气提质-燃烧-发电""热解-气化-合成"和"热解-气化-费托合成-油品共处理转化"三条清洁高效梯级利用途径。国家科技部国际合作重大项目"基于温和热解的低阶煤高效分级利用关键技术与过程集成"是中日共同支持的首批四项联合研究项目之一，通过合作研究，旨在解决低阶煤分级转化利用中重大科学和工程问题，突破低阶煤大规模分级转化的技术瓶颈，推动其工业实施。

1.2 低阶煤热解研究现状

1.2.1 低阶煤热解

煤是由缩合芳香环结构单元通过桥键连接而成的大分子网状结构，结构单元外围为烷基侧链及官能团，另外还存在非化学键结合的低分子化合物。对于低阶煤，其中的低分子化合物、侧链及官能团的含量更加丰富，反应性更高、更易于转化。Mathews 等对目前提出的煤的大分子结构进行了详细的总结[3]。在煤的热解过程中，低阶煤大分子结构发生桥键和侧链的断裂放出大量的挥发分，如果气体不能及时离开反应器还存在产物重组和二次反应，剩余物质为高品质半焦。低阶煤热解产率及产物分布与煤种（如煤化程度、煤岩组成及煤的粒度等）、反应器类型、温度、压强、升温速率和反应气氛等密切相关。

1.2.1.1　煤种的影响

由于生成煤的原始物质复杂多样，在生成煤的过程中外部条件和历史年代也各不一样，因此，使得不同煤样除了具有一些共性之外，在矿物学、岩相学、基本物理和化学特征上存在多样性和结构的复杂性。其中煤化程度是煤热解最重要的影响因素之一。煤化程度直接影响煤热解的起始温度、热解反应活性和热解产物分布。大量的研究已经表明，随煤化程度的增加，热解起始温度在增加，热解反应性降低。另外，煤阶不同，热解所得到的低温焦油组成也存在很大差异。Arenillas 等[4]指出，不同的煤阶含有的官能团种类和数量不同，而不同的官能团热稳定性不同，因此，热解产物各异。随煤化程度的增加，生成产物的种类在减少。在相同条件下，无烟煤的热解没有发现含氮物质的生成，而高挥发分的烟煤在 500℃时可检测到 NO 的生成，中、低挥发分烟煤在较高温度 510℃和 525℃时有 NO 生成。另外，结果还表明原煤中氧含量越高时，产物中 H_2O 含量会越高。Xu 等[5]在惰性气氛下研究了煤化程度对热解行为的影响，并考察了煤的结构参数与产物的关系，通过对 17 种煤的研究结果表明，轻质气体及液体焦油的组成都与煤的结构参数密切相关。Solomon 等[6]的研究表明，对于高阶煤，焦油的产生与次甲基键的断裂相关；而对于低阶煤，焦油的产生是次甲基醚键分解的主要结果。王鹏等[7]同样得出，在相同的热解条件下，煤化程度高的煤种所得煤气和焦油的产率比煤化程度低的煤种产率低。目前，对于煤的热解主要集中于低阶煤热解，而不同的低阶煤由于官能团含量不同，矿物质组分也不同，因此反应性仍存在很大差别。

1.2.1.2　热解温度的影响

热解温度同样也是影响低阶煤热解的重要因素，热解温度不仅会影响热解反应及最终产物分布，而且还会影响挥发分的二次反应。一般情况下，根据热解温度不同，煤的热解主要分为低温热解（500～650℃）、中温热解（650～800℃）、高温热解（900～1000℃）和超高温热解（>1200℃）。其中，低温热解主要是以制取焦油为目的，中温热解以生产中热值煤气为目的，高温热解以生产高强度的冶金焦为目的。"温和热解"即把煤加热到 450～650℃，将煤在低温时进行热分解，将其中有价值的挥发分从煤中释放出来。

研究人员关于热解温度对热解的影响已经做了大量的研究。通常情况下，随反应温度的增加，煤转化率增大，半焦产率下降，气体产率会升高，焦油产率先升高后降低，会出现一个最大值。这主要是因为高温时挥发分的二次裂解作用会加强，导致焦油发生裂解和再聚合反应，从而使焦油产率下降。Tyler 等[8]研究结果表明，焦油产率在 600℃左右时达到最大值。低温热解焦油的密度和黏度都较低，主要含有脂环化合物和少量的脂肪烯烃和芳香化合物，而高温焦油中芳香烃的比例较高。王鹏等[7]研究了温度对热解气体的影响规律，结果表明：随热解温度的升高，H_2组分含量在升高，CH_4含量下降，CO含量略有升高，而烃类气体先升高后降低，最高值出现在 600℃。由于热解温度不同，产物分布、气体组成及焦油组分存在很大差异。因此，热解温度的选择应根据研究目标而进行合理选择。

1.2.1.3　加热速率的影响

按加热速率的快慢可分为慢速加热（<5K/s）、中速加热（5K/s）、快速加热（100～10^6K/s）及闪激加热（>10^6K/s）。随着加热速率的增加，样品热解时间缩短，由于一些官能团来不及分解而产生滞后现象，挥发分析出温度及最大失重速率对应的温度向高温区移动。一些研究者指出高升温速率可增加总挥发分和焦油的产率，并能提高焦油中轻质组分的含量，从而改善焦油品质[9]。这是因为在高升温速率下，煤的大分子结构会受到更强的热量冲击，原来不能断裂的煤大分子中的侧链和桥键也会发生断裂；另外，热解时间短，缩短了焦油的二次裂解，因此采用快速加热可以获得更多的气、液相产物。一些研究者指出，在排除二次反应的条件下，改变升温速率对挥发分的收率是没有明显影响的，即高升温速率导致高挥发分收率并不是加热速率本身的作用，而是因为引起的温度变化对二次反应影响的结果。李保庆等[10]通过研究表明，降低升温速率可以改善焦油品质，对比 300K/min 与 5K/min 两个升温速率下焦油的特性后发现，在较低的升温速率范围内，焦油组分中的 BTX（苯、甲苯、二甲苯）和 PCX（苯酚、甲酚、二甲酚）的实际收率均随升温速率的降低而增加。作者认为这主要是因为降低升温速率可以使煤热解自由基生成速率与加氢反应速率相匹配，减少由于升温速率过快而导致的煤热解过程中自由基之间相互聚合的二次反应，从而改善了焦油品质。Stubington 等[11]研究表明在流化床中粉煤的平均升温速率为 $10^4 \sim 10^5$K/s，而 2～20mm 煤颗粒的平均升温速率为 2～150K/s，该升温速率明显大于固定床升温速率。高的升温速率更有利于焦油的生成。

1.2.1.4 压力的影响

热解压力对热解过程的影响与热解气氛有很大关系。如果在惰性气氛下热解时，压力的增大会增大挥发分产物的传质阻力，使挥发分在颗粒内部的停留时间延长，从而导致焦油二次反应加剧，部分焦油聚合成为半焦，焦油收率下降，半焦和气态产物产率增加，而较低的压力有利于减小挥发分的向外的传质阻力，缩短挥发分在颗粒内部的停留时间，可避免发生二次反应，焦油收率会升高。Solomon 等[12]采用实验和模拟的方法研究了不同压力下煤热解的失重情况，结果表明，低压下热解失重较大，焦油收率较高。这主要是因为在较高的压力下，生成物质向外传递的速率会减慢，但断裂的键不变，如果没有充足的 H_2 供给体饱和生成的自由基，那么自由基之间的缩聚反应会增加，从而导致焦油产率降低。Arendt 等的研究结果同样表明，在惰性气氛下，随外部压力的升高，焦油沸点会升高，向外扩散的速度会降低，因此，焦油前驱体在煤颗粒内部的停留时间会延长，导致发生二次反应，焦油产率下降，而气体产率升高。但当热解气氛为 H_2 时，适当的增加压力会有利于 H_2 向颗粒内部传递，从而提供氢自由基稳定热解中产生的焦油碎片，增加焦油产率。但进一步增加压强时，由于传质阻力的作用，二次反应的发生，使焦油产率反而下降，因此，在 H_2 气氛下热解时存在一个最佳压力值[13]。

1.2.1.5 热解气氛的影响

关于低阶煤热解常见热解气氛有惰性气体 Ar，或 N_2、H_2、热解合成气、CO_2 和水蒸气。当煤受热时，分子间的桥键断裂产生大量活性高的自由基，一些自由基相互作用生成了焦油而另一些发生缩聚成为半焦，如果在氢气气氛下，自由基会与氢结合生成焦油从而减少自由基之间相互缩合反应的机会。因此，与常压惰性气氛相比，加氢热解可以提高低阶煤的转化率和一次焦油的产率，得到较多的轻质液态芳烃，特别是苯、甲苯和二甲苯等。另一方面，加入的氢也会与半焦发生加氢反应从而得到较洁净的半焦。但由于氢气价格高，高温加压存在一定的危险性，因此，研究者进行了富氢焦炉煤气和合成气气氛下低阶煤的热解研究，该气氛下的热解过程与加氢热解有着相似的效果[14]。另外，有研究表明将甲烷二氧化碳重整过程与煤热解相结合可以大幅度提高焦油产率，而且与加氢热解相比，还具有明显的脱硫效果[15,16]。Tyler 等[8]在 900℃条件下考察了常压流化床反应器中不同热解气氛（H_2O、H_2、He 和 CO_2）对低阶煤热解的影响，结果表明只有在 H_2 氛围下，600℃以上时 CH_4 产率有所升高，而在其它三种气氛下对焦油的产率及品质都没有影响。熊燃等[17]考察了在模拟热解气气氛下煤的热解特性，结果表明使用热解气气氛做流化气体能轻微地提高焦油的产率。张晓方等[18]在流化床中考察了模拟热解气氛对煤热解焦油产率的影响，结果表明反应气氛中 CO_2 的存在不利于焦油的生成，而 CO 和甲烷可以提高焦油产率；H_2 的存在有利于焦油中酚羟基、羧基类化合物的生成，还可促进脂肪族化合物的裂解；甲烷的存在可以提高焦油中单环芳烃、脂肪族及酚羟基类化合物的生成。Ariunaa 等[19]比较了 H_2、N_2、热解合成气三种气氛下褐煤的热解，结果表明气氛对褐煤热解产物影响并不显著，但对于油页岩，氢气和合成气气氛下焦油产率比 N_2 气氛下高，半焦和轻质气体产率降低。李保庆等[20]使用宁夏灵武煤进行了加氢热解研究，结果表明在氢气气氛下，煤热解初期生成的自由基与氢发生了反应，阻止了自由基之间的结合，从而得到较多的低分子化合物，焦油收率和热解转化率都大大提高；在温度为 873K，压力为 3MPa，氢气气氛下，与惰性气氛相比，焦油收率提高了 2 倍，焦油中的苯、甲苯和二甲苯收率增加了 4 倍，酚、甲酚和二甲酚收率增加了 2 倍。

1.2.1.6　粒径的影响

煤颗粒粒径的不同会导致脱挥发分所需要的热解时间不同，热解产物也会大不一样，而脱挥发分热解时间的确定是煤热解利用过程中的一个特别重要的参数。Zhang 等[21]考察了粒径在 5～50mm 范围内的单个煤颗粒在小型流化床中的热解行为。结果表明，颗粒煤的热解过程是一个明显的非等温过程，颗粒煤的失重量与工业分析所得到的煤脱挥发分量差别比较大，说明颗粒煤中所含有的挥发分并没有被完全释放出来。Borah 等[22]在 1123K 床层温度，Ar 气氛下考察了 4～9.3mm 的煤颗粒的脱挥发分过程。结果表明，煤颗粒脱挥发分的产率与工业分析脱挥发分产率的比值随颗粒粒径的增大而增大。另一些研究者重点考察了不同粒径的颗粒煤脱挥发分所需要的时间。如 Ross 等[23]测定了颗粒煤在流化床锅炉内达到床层温度所需要的时间。结果表明，颗粒粒径的增大会降低煤颗粒的平均升温速率，从而延长煤颗粒达到同样温度所需要的时间。这是因为，煤是一种不良导体，从颗粒的表面到颗粒的中心存在明显的温度梯度，颗粒粒径增大，颗粒煤的传热就需要较长的距离，使升温速率随粒径的增大而降低。

1.2.1.7 低阶煤热解工艺

煤是一种复杂的混合物，其中的挥发分是煤中有机质受热时低分子化合物析出及大分子结构中化学键断裂和缩聚后的产物，是煤组分中最活跃的组分，通常在中低温条件下就可以析出。因此，依据低阶煤的结构特征，首先通过"温和热解"将其中有价值的有机组分提取后，再与气化、燃烧等其它煤炭转化技术有机结合的多联产技术，不仅可以实现低阶煤的高效分级利用，使煤炭资源利用效率最大化，同时实现了煤中污染物的定向脱除。目前，已提出多种以煤热解为核心的煤分级利用多联产技术[24]。这些技术均是以煤炭资源合理利用为前提，以提高煤炭资源利用价值、以利用过程效率和经济效益最大化、环境友好等为目标而进行的多联产利用技术的优化集成。

目前开发的典型的低阶煤热解工艺主要包括：典型外热式多段回转炉（MRF）热解工艺；典型气体内热式工艺，即 COED 工艺、日本快速热解工艺、鲁奇-鲁尔煤气法（LR）、新法干馏工艺（DG）；典型固体热载体内热式工艺，即 Garrett 工艺、Toscoal 工艺。其中以热载体热解为基础的多联产技术，是通过热载体提供煤热解所需要的热量以析出低阶煤中的挥发分，这些多联产工艺中不同的技术使用的热解器类型不同，主要包括移动床、下行床、螺旋混合反应器和流化床等热解装置。但目前已有的热解工艺仍然面临着热解油气粉尘分离困难，装置无法稳定运行等重大问题；热解油气粉尘含量高，也为后续利用造成了困难。因此，低阶煤新型工艺路线的研发仍然十分重要。

1.2.2　低阶煤催化热解

低阶煤催化热解指的是在低阶煤热解过程中加入催化剂,通过催化剂的作用,降低煤中某些化学键的活化能,使在一定温度下不易断裂的化学键能够断裂,提高低阶煤的转化率,增加气、液相的产品产率;另外,催化剂可以通过影响裂解、聚合等二次反应从而实现热解产物的定向调控及焦油品质优化。目前研究者已进行了大量的研究,所使用的催化剂主要包括碱金属和碱土金属、过渡金属化合物、沸石分子筛类催化剂。

大量研究表明,碱金属和碱土金属可促进煤大分子的裂解,而过渡金属及其化合物可促进自由基与氢的结合[25]。热解时,碱金属氢氧化物会破坏煤中的 C—O—C 键以及 C—C 键,从而影响表面酚羟基官能团的生成,而碱金属碳化物可以与煤中的—COOH 和—OH 作用形成碱金属-氧团簇,从而抑制酚类化合物的逸出。该类化合物还可以加快热解速率,促进含氧官能团的裂解,提高气体产率,并具有降低液体产品中氧和硫含量的作用。朱廷钰等[26]研究了 CaO 对煤热解催化作用的影响,研究表明,当 CaO 与煤共热解时,极性裂解活性位点分布于 CaO 内外表面,从而降低了焦油大分子的活化能,促进焦油的裂解,增加 CH_4 产率。Ohtsuka 等[27]在固定床中研究了使用碱金属和碱土金属作催化剂时,脱矿物质煤样热解生成含氮化合物 HCN、NH_3 和 N_2 的情况。结果表明,在 450~600℃范围内,NaOH、KOH 和 $Ca(OH)_2$ 明显促进了 NH_3 的生成,抑制了 HCN 的生成,三种催化剂中 $Ca(OH)_2$ 的催化及抑制作用最为显著。作者认为,NH_3 的增加部分来源于 HCN,但大部分是由于焦油中含氮化合物的裂解产生的。

过渡金属铁系化合物被认为是对氢化反应有较高催化活性的催化剂。Öztaş 等[28]研究了多种过渡金属化合物对煤热解的影响,结果表明,4 种路易斯酸催化剂的催化效果为:$CuCl_2 < Fe_2O_3 \cdot SO_4^{2-} < NiCl_2 < ZnCl_2$。另外,Fe 系催化剂因其环境友好且廉价已被广泛应用于煤的热解和气化反应过程中,已有研究表明,Fe_3O_4 具有增加煤气中 H_2 产率,降低 CO 产率的作用,而 Fe_2O_3 可显著促进煤粉的热解反应性,且在高温时可以催化裂解除 CH_4 以外的所有烃类物质,从而使煤气中的 CH_4 和 H_2 明显增加[29]。冯杰等认为,Fe 原子中的空 d 轨道可与煤中的含氧官能团或不饱和烃中的 π 键发生化学吸附,使之发生断裂形成低分子油品[30]。而 Fe、

Co、Ni、Cu、Zn 等带有弱酸性的氯化物和硝酸盐比较容易形成配合物，这些阳离子的加入有效促进了热解过程中产生的游离自由基与氢自由基的结合，抑制二次缩聚过程，从而降低焦油中重组分的含量[31]。梁丽彤等[32]通过采用一种新的催化剂加入方法考察了 Fe 基催化剂和 Mo 基催化剂对煤热解产物的影响，结果表明 Fe 基催化剂在煤热解过程中同时具备催化裂解和加氢功能，但这两种作用的显著程度与煤种的结构特征密切相关，并提出了 Fe 基催化剂的催化作用机理。作者认为 Fe 是通过落位于富电官能团，促进这些官能团的断裂，并通过对 H 的亲和作用控制析氢速率，抑制了焦油碎片缩聚，从而增加焦油产率，提高焦油品质。而 Mo 基催化剂主要表现为加氢作用。另外，作者也研究了这两种催化剂对煤热解过程中的脱硫的影响，结果表明，催化剂的加入对煤中的硫有催脱和催阻的作用，该作用同样与煤种密切相关。对于煤的催化加氢，Mo、Ni-Mo、Co-Mo、Ni-W 基催化剂和分子筛类催化剂是研究较多的催化剂。特别是 MoS_2，该催化剂不仅能吸附大量的原子氢，而且能使氢分子解离成具有氢还原性的原子氢，使更多的键发生断裂并通过加氢使自由基得到饱和，因此被认为是一种催化加氢热解的优良催化剂。

为了提高催化剂的催化性能和稳定性，增大反应比表面积，研究者进行了负载型催化剂的研究。载体通常选用比表面积大、耐高温、物理性质稳定的分子筛或天然矿石，活性组分主要为 Co、Mo、Ni、Fe、Ca 等金属催化剂的一种或几种，从而得到单一或多金属负载型催化剂。其中，以分子筛为载体的催化剂具有优异的孔道结构、良好的选择性及热稳定性，已成为低阶煤催化热解使用最广泛的催化剂。邹献武等[33]研究了 Co/ZSM-5 对内蒙古霍林河褐煤热解的催化作用，结果表明，通过加入该催化剂，煤热解转化率明显提高，同时焦油组分也得到了明显改善，液相产物中的酚类、脂肪类和芳香类产率明显增加。李爽等[34]研究了过渡金属负载型催化剂 MO_x/USY（M = Co、Mo、Co-Mo）对黄土庙煤催化热解特性的影响，结果表明含有 Co 的负载型催化剂可明显改变热解产物的分布。其它研究也同样表明，负载 Co 活性组分的不同分子筛催化剂均可影响热解产物分布，增加煤焦油中轻质组分的收率，并改变轻质气体的组成。这主要是由于 Co 促进了 H 自由基与热解焦油的结合，从而阻止了重质焦油的生成，改善了焦油品质[35]。

另外，由于天然矿石中含有 Ca、Fe、Mg 等具有催化作用的金属元素，且天然矿石产量大、耐高温、物理性质稳定、价格便宜，因此，一些研究者提出了使用天然矿石类物质作为催化剂进行煤热解的催化研究[36]。如橄榄石中的 Fe_2O_3、CaO 等易形成极性活性位，故可以吸附带有负极性的重质焦油，对其进行催化裂解，使产物中的轻质焦油含量上升；白云石经过煅烧后可形成带有极性活性位的 MgO-CaO 配合物，从而对煤的热解具有一定的催化作用[37]。另外，天然矿石还可以作为载体与其它金属催化剂一起形成负载型复合催化剂，提高催化效果。邓靖等[38]在褐煤快速热解过程中使用天然橄榄石和负载 Co 的天然橄榄石作为固体热载体。结果表明，天然橄榄石在负载 Co 前后都对煤的热解产生了明显的影响，不仅影响了产物分布，而且提高了焦油中轻质组分的含量，具有明显的催化效果。负载 Co 后的天然橄榄石催化效果明显优于原始的天然橄榄石，可以使焦油收率提高 19.2%，而使其中的重质组分减少 6.2%，轻质油的收率提高 20.9%。研究还发现气体产物中 H_2、CH_4 和 CO_2 收率都明显下降。因此，作者认为加入催化剂后对煤热解过程中产生的氢元素进行了重新分布，使之更多地进入了液相，从而提高了轻质焦油的产率。

由于低阶煤种类繁多，结构复杂，而催化剂在不同煤的热解过程中的催化机理也不同，且煤热解催化剂的研究大多仍停留在实验室阶段。为此，根据煤分子结构的差异，开发新型廉价、稳定性好且可重复利用的催化剂意义重大。另外仍需研发针对煤中不同化学键的催化剂，从而实现针对化学键分子层面的靶向催化，实现煤向高附加值化学品的合理有效转化，真正达到低阶煤的清洁高效利用，从而实现煤催化热解的工业化和商业化。

1.2.3 低阶煤与生物质共热解

随着化石能源的日益减少、能源需求量逐年增加和国家对环境污染整治力度的加大，我国煤炭利用的使用比例将进一步降低，而核能、风能、生物质能等可再生能源的使用比例在能源消耗结构中将进一步提高。据统计，在过去的十年中，全球的能源消耗比之前增加了 30%，并预计在 2100 年能源需求将是现在的 5 倍，但同时作为主要能源的化石能源将面临枯竭[39]。因此，为了避免以上现象的发生，寻求可替代能源迫在眉睫。其中生物质资源种类繁多，分布广泛，产量巨大，易于储存和运输，且可再生；生物质能源被认为是碳中性的，是一种绿色煤炭，在利用过程中会释放 CO_2，生长过程中会吸收 CO_2，因此，生物质利用对环境基本

可实现 CO_2 零排放[40]。目前，将生物质转换为高品质的气体和液体燃料已引起全球的高度重视。其中，热解技术是生物质有效利用的重要途径之一。

关于生物质热解已进行了广泛研究。从能量资源看，生物质主要包括木质生物质、农作物废弃物以及其它生物质。研究者们不仅对生物质热解气化工艺进行了充分的研究，而且提出了生物质热解相关的动力学模型，对生物质热解机制进行了合理解释。在工业应用方面，美国已经建立 Battelle 生物质气化发电示范工程，奥地利已拥有装机容量为 1~2MW 的区域供热站 90 座[41]；国内的中国林业科学研究院林产化学工业研究所也已成功推广 MW 级生物质热解气化发电装置多台套，运转状态良好。

然而将生物质作为热解原料仍存在一些缺点：首先，生物质能源的分布及季节性问题带来高的储存和运输成本；另外，生物质能量密度低，体积疏松，得到相同的能量需要大量的生物质，难以建立大规模的热解气化工厂，很大程度上制约了该技术的进一步发展。基于低阶煤与生物质的相似性，将生物质与煤共热解可以扬长避短，既能实现生物质的高效可再生利用，减少能源浪费，又可以代替常规化石能源，减少 CO_2、NO_x、SO_2 的排放，缓解化石能源危机。另外，将生物质用于现有的煤转化利用装置，是一种有效可行的利用方案，因为研究已经表明，当生物质燃料占总燃料的热量低于 20% 时，不改变现有的任何设备，就可以进行生物质与煤的共热解。为此，煤与生物质混合共热解转化技术和混合燃烧发电技术逐渐成为人们研究的热点。表 1-1 给出了煤与生物质混合作为原料时与单独作为原料时的对比结果[42]。

表 1-1 煤、生物质和煤与生物质混合物作为原料时的特性[42]

参数		煤	生物质	煤与生物质
化学相关参数	灰含量	高	低	低
	S 含量	高	低	低
	挥发分含量	低	高	高
物理相关参数	能量密度	高	低	高
	热值	高	低	低
	密度	高	低	低
经济-环境参数	运输成本	低	高	低
	碳排放量	高	中性	低

从表中可以看出，煤热解过程加入生物质会带来许多好处。另外，煤和生物质共热解还存在协同效应，可以提高热解转化率，获得更多的挥发分产率；煤和生物质共气化也会提高气化过程气体产率。另外，Kuppens 等[43]对共热解做了经济评估，认为共热解过程会带来更大的经济效益。因此，无论从能源角度，环境角度还是经济角度来看，煤与生物质共利用都是切实可行的。

关于煤与生物质的共热解是否真的存在协同效应，不同的学者在不同的操作条件下得到了不同的结论。一些学者认为，煤是一种贫氢物质，在热解过程中外加氢可以提高煤的转化率，但外加纯氢生产成本高，寻求廉价的氢成为该研究的热点。而生物质是一种富氢物质，其热解温度低于煤热解温度，产生的 H_2 可以作为煤热解的供氢源加速煤的热解，另外，生物质灰中的碱金属氧化物会对煤的热解起到催化作用，从而促进煤的热解。因此，研究者认为在煤的脱硫、脱氮及热解效率等方面生物质和煤的共热解存在协同效应。武宏香等[44]利用热重分析仪对木屑、麦秆、稻秆和煤单独及混合热解特性进行了详细研究，结果表明，煤和生物质的共热解导致了固体产物产率的提高。另外，通过对稻秆两种方式脱灰处理后与煤的混合热解表明，生物质中的碱和碱土金属对煤在低温条件下的热解具有促进作用，而生物质中的硅元素对热解具有抑制作用。Nikkhah 等[45]通过进行多种生物质和煤的共热解试验表明生物质与煤的共热解过程存在协同反应，与生物质或煤的单一热解相对比，通过共热解，产物中气体产率、碳氢含量和热值都有所增加。周仕学等[46]使用回转炉对 5 种高硫强黏结性煤与 2 种生物质进行了共热解，结果表明，共热解会生成更多的 H_2，煤的脱硫脱氮效果明显提高，且随着煤化程度的降低、温度的升高和煤粒度的减小，煤热解脱硫和脱氮率会增大。张丽[47]在落下床反应器中对豆秸、白松与褐煤、铁法煤的相互共热解行为进行了研究，结果表明通过煤与生物质共热解，半焦产率减少，而液体和焦油产率增加，轻质气体中 CO 和 CO_2 产率降低，而 CH_4 产率增加，同样证明了在生物质和煤的共热解过程中发生了一定的协同反应。阎维平等[48]认为生物质与煤发生共热解时会发生协同效应，但生物质对于煤的热解并不是在共热解的全过程中都是起促进作用的，生物质与煤的掺杂比例、组成和特性以及灰中的矿物质成分对煤热解过程的影响是同时具有促进和抑制作用的。当掺混比例较小时，生物质的提前软化不会对煤热解挥发分的逸出和扩散造成主要影响，其催化、CaO 和 H 的影响占主导作用，此时具有一定的促进作用；但随着生物质比例增大，生物质会发生软化，在煤挥发分析出之前黏附、覆盖在煤表面，堵塞煤的孔道，影响煤挥发分的逸出和扩散，此时反而对煤的热解起到了抑制作用。

另一方面，一些研究者认为煤与生物质共热解时，两者的热解温度范围相差较大，不会发生重叠，即煤开始热解时，生物质热解已基本完成，因此，很多学者认为生物质与煤共热解时不存在协同反应所具备的条件。Storm 等[49]进行了煤与生物质的共热解，结果表明尽管煤与生物质单独热解存在许多相同特征，但它们的热解范围不重叠，生物质未对煤的热解起到预期的促进作用。文献[50]中，使用热重分析仪，考察了煤与生物质以不同比例混合时的热解特性，结果表明在升温速率为 5~25℃/min 的范围内，生物质本身固有的氢并没有参与到煤的热解过程中，对煤的热解没有起到加氢效果，共热解的失重率仅为煤与生物质单独热解时转化率的简单叠加，两者没有产生协同效应。李文等[51]在 N$_2$ 气氛下，加压热天平上进行了生物质的热解和加氢热解研究，结果表明木屑在 400℃ 左右时已完成热解反应，当煤开始热分解时，生物质已基本上热解完全，与煤发生剧烈热解对应的温度相差 101.17℃。因此，作者认为生物质由于与煤的热分解温度相差过大，因而在其共热解过程中无协同作用。Collot 等[52]使用固定床和流化床两种小型反应器研究了煤和生物质的共热解和共气化行为。结果表明在固定床中 Daw Mill 煤和白桦树及波兰煤与森林残留物共热解的焦油值比它们单独热解时提高了 4%，但总挥发分的实验值和理论计算值一致。另外，在流化床反应器中，总的挥发分值比理论计算值提高了 5%。但作者认为无论是在固定床中还是流化床中，尽管焦油和挥发分都有一些区别，但这种差别太小，不足以证明协同效应的存在。尚琳琳等[53]对 4 种生物质及煤样按不同混合比例进行混合，在相同升温速率下采用热重分析法进行了共热解实验，结果表明，生物质与煤的热解特性差异很大，共热解的实际微分曲线与按比例计算后所得微分曲线基本吻合，即生物质对煤的热解无明显影响。Rudiger 等[54]在流化床中对煤与生物质进行了快速共热解研究，结果发现，煤与生物质热解发生的温度范围基本上没有重叠，两者难以产生协同反应。作者认为，在流化床反应器中，惰性载气隔离煤与生物质颗粒，生物质中富裕的氢不容易转移到煤中，因此，协同反应难以发生。

针对生物质和煤共热解过程中两者不能同步热解的问题，研究者们提出了不同的方法来实现将生物质热解过程中产生的氢有效地转移到煤中，从而实现协同效应，提高煤的利用效率。马光路等[55]采用两段炉耦合反应器对煤和生物质进行共热解，实验中将煤和生物质分别放在上下两个炉段中进行热解，通过程序控温，使在同一时间，煤与生物质同时达到它们各自热解时所需的最佳温度。通过该方法，成功实现了生物质热解产生氢向煤热解过程中氢的转移。李世光[56]提出将煤与生物质分别在下行床中热解，将生物质热解产生的富氢气体通入煤的热解反应器中提供煤热解气氛，从而为煤的加氢热解提供廉价的氢源，提高煤的转化率。

综上所述，研究者们对协同效应的机理认识有所不同，部分研究者认为煤与生物质共热解在煤的脱硫、脱氮及热解效率等方面存在明显的协同效应；而部分研究者认为生物质和煤在共热解过程中协同反应不显著。因此，需要深入研究煤与生物质共热解行为，掌握共热解效应的本质，为最大限度地利用煤与生物质中的有效成分提供理论基础。

1.2.4 低阶煤热解机理及动力学研究

低阶煤热解是低阶煤清洁高效利用的有效途径之一，同时，它也是低阶煤热转化利用如燃烧和气化的第一步，也是最重要的一步。研究煤的动力学模型有助于了解煤热解机制、定量描述煤的热解过程。对低阶煤热解过程的定量描述是低阶煤热解反应器设计和放大的重要组成部分。由于煤是一种极其复杂的混合物，具有复杂性和不均一性，关于如何描述煤热解过程，研究者们已进行了大量的研究。到目前为止，煤热解动力学主要分为经验模型和网络模型。

1.2.4.1 经验模型

早期的经验模型主要使用的是单方程模型，即把煤的热解过程看作是一个简单的一步动力学过程，该模型所得到的动力学参数不仅与煤种有关，而且与操作条件也有很大关系，且不适用于非等温过程。为了提高模型的适用性，即能适用于非等温过程，Kobayashi 提出了双竞争反应模型，即将煤热解描述为两个一步动力学方程，分别在低温和高温时起主导作用。之后，研究者进一步提出了官能团模型[57,58]，即认为煤的热解主要是由煤中官能团的断裂所引起，煤热解生成物 CO_2、CO、H_2O、CH_4 和焦油的生成与煤种的羧基、醚键、酚羟基和脂肪-CH 的含量相对应。但要精确确定各官能团在煤种的含量难度较大，而且，已有研究表明每一种产物的生成都是多种反应相互作用的结果。因此，该模型并没有得到广泛使用。

目前使用最广泛的经验模型主要包括：总包一级反应模型，有限个平行一级反应模型，无限多平行一级反应模型和分布活化能模型。

一般情况下，固体的脱挥发分过程用以下方程进行描述：

$$\frac{\mathrm{d}V}{\mathrm{d}t} = kf(V) \tag{1-1}$$

式中，V 表示时间为 t 时失去的总挥发分；$f(V)$ 表示浓度项对脱挥发分速率的影响；k 为动力学常数，表示温度对脱挥发分速率的影响，认为服从 Arrheninus 定律。

其中，

$$k = k_0 \mathrm{e}^{\left(-\frac{E_0}{RT}\right)} \tag{1-2}$$

式中，k_0 为指前因子，s^{-1}；E_0 为活化能，J/mol；T 为温度，K。

如果：

$$T = T_0 + \beta t \tag{1-3}$$

式中，T_0 为初始温度，K；β 为升温速率，K/s。

则：

$$\frac{\mathrm{d}V/V^*}{\mathrm{d}T} = \frac{K_0 \mathrm{e}^{\left(-\frac{E_0}{RT}\right)}}{\beta} f\left(\frac{V}{V^*}\right) \tag{1-4}$$

式中，V^* 为总的脱挥发分值。

设 $\alpha = \dfrac{V}{V^*}$，则得到以下积分形式：

$$\int_0^V \frac{\mathrm{d}\alpha}{f(\alpha)} = \int_{T_0}^T \frac{k_0 \mathrm{e}^{\left(-\frac{E_0}{RT}\right)}}{\beta} \mathrm{d}T \tag{1-5}$$

（1）总包一级反应模型

若假设煤的热解过程为一个一级动力学反应模型，则方程（1-1）可以描述为：

$$\frac{\mathrm{d}V}{\mathrm{d}t} = k_0 \mathrm{e}^{\left(-\frac{E_0}{RT}\right)}(1-V) \tag{1-6}$$

由于 $\beta = \dfrac{\mathrm{d}T}{\mathrm{d}t}$ ，代入上式并进行积分，取对数后得到如下方程：

$$\ln\left[\frac{-\ln(1-x)(E+2RT)}{T^2}\right] = \ln\frac{k_0 R}{\beta} - \frac{E}{RT} \qquad (1\text{-}7)$$

通过以上方程可见，基于热重实验中煤的转化率与温度值，由回归所得直线的斜率和截距即可得出热解过程的活化能 E 和指前因子 k_0。

总包一级反应模型是煤热解反应提出最早的模型，但由于该模型简化了煤的热解过程，所获得的动力学参数适用范围有限。甚至对于同一种煤样，在某一升温速率下获得的动力学，在另一种升温速率下就不能适用了。为此，该模型的使用受到了很大限制。

（2）总包 n 级反应模型

若将煤的热解过程看作是一个 n 级动力学反应模型，则方程（1-1）可以描述为：

$$\frac{\mathrm{d}V}{\mathrm{d}t} = k_0 \mathrm{e}^{\left(-\frac{E_0}{RT}\right)}(1-V)^n \qquad (1\text{-}8)$$

同样，将升温速率 $\beta = \dfrac{\mathrm{d}T}{\mathrm{d}t}$ 代入并整理得：

$$\ln\left[\frac{\mathrm{d}V}{\mathrm{d}t}\frac{1}{(1-V)^n}\right] = \ln\frac{k_0}{\beta} - \frac{E}{RT} \qquad (1\text{-}9)$$

选定不同的 n 值，将 $\ln\left[\dfrac{\mathrm{d}V}{\mathrm{d}t}\dfrac{1}{(1-V)^n}\right]$ 对 $1/T$ 作图，线性回归的相关系数最接近 1 对应的 n 值即为反应的级数，线性回归所得直线的斜率和截距为煤热解对应的活化能 E 和指前因子 k_0。

（3）分布活化能模型（DAEM）

由于煤是一种复杂的混合物，结构的不均一性和复杂性使煤的热解过程也十分复杂。煤的热解为煤中大分子结构不同键能化学键断裂的过程，因此 Pitt[59]提出了分布活化能反应模型，认为煤的热解是由一系列一级平行不可逆反应组成，每一个反应都有各自的活化能，且反应数目足够多，以至于活化能呈现出一定的分布，可以使用连续函数进行描述。其中，每一个化学反应都可以使用以下化学方程式进行描述：

$$\frac{\mathrm{d}V_i}{\mathrm{d}t} = k_i(V^* - V_i)$$ （1-10）

其中 i 代表第 i 个独立的化学反应对应的参数。k_i 可以使用 Arrheninus 定律表示为：

$$k_i = k_0\mathrm{e}^{\left(-\frac{E}{RT}\right)}$$ （1-11）

如上所述，活化能分布可以使用连续分布函数 $f^*(E)$ 来描述，则 $V^*f^*(E)\mathrm{d}E$ 表示活化能介于 E 与 $E+\mathrm{d}E$ 之间的挥发分含量。将式（1-11）代入式（1-10），则某时刻挥发分生成量为：

$$V = V^* - V^* \int_0^\infty \exp\left(-\int_0^t k_0\mathrm{e}^{\left(-\frac{E}{RT}\right)}\mathrm{d}t\right)f^*(E)\mathrm{d}E$$ （1-12）

若假设活化能分布 $f^*(E)$ 为高斯分布，即：

$$f^*(E) = \frac{1}{\sigma\sqrt{2\pi}}\exp\left(-\frac{(E-E_0)^2}{2\sigma^2}\right)$$ （1-13）

将式（1-13）代入式（1-12）可以得出：

$$V^* - V = \frac{V^*}{\sigma\sqrt{(2\pi)}}\int_0^\infty \exp\left[-k_0\int_0^t \exp\left(-\frac{E}{RT}\right)\mathrm{d}t - \frac{(E-E_0)^2}{2\sigma^2}\right]\mathrm{d}E$$ （1-14）

分布活化能反应模型应用范围广，目前已被应用于描述多种复杂物质的热解过程，如生物质、煤、固体废弃物热解及它们之间的共热解过程。

以上模型是描述煤热解过程最为常见的几种模型，其中单一反应模型只能得到某一温度范围内活化能的平均值；双竞争反应模型需要 6 个待定参数，其应用也受到很大限制；有限多平行反应模型将煤热解看作是几种化合物的热分解，平行反应个数的确定具有经验性；而官能团模型需要精确确定在煤中各官能团的含量，难度较大，且煤热解产物的生成是多种反应相互作用的结果，该模型也没有得到广泛使用。杨景标等[60]使用程序升温热重技术研究了宝日希勒褐煤和包头烟煤热解失重过程，并使用单一反应模型和 DAEM 模型对热解过程进行了描述，对比结果表明，DAEM 模型能描述非等温热解自低温到高温的全过程，与单一反应模型相比，对煤种和升温速率变化有较广的适应性。袁传杰等[61]将热解失重曲线分为三段，每一段都采用一个一级反应来描述煤的热解过程：第一阶段主要是释放以轻质气体存在的小分子和一些弱键断裂形成的小分子，该阶段所需活化能较小；第二阶段为主要失重阶段，此时化学键大量断裂，表观活化能相对较大；第三阶段为二次气体的释放和半焦缩聚生成焦炭的过程，作者认为由于胶质体的形成堵塞了孔道，使扩散阻力增加，成为整个失重的速率控制步骤，使活化能减小。常瑜等[62]采用同样的方法对内蒙古和印度尼西亚褐煤进行了动力学分析，所得动力学参数能够很好地反映煤的热解情况。最近，Bartocci 等[63]在对由 90%锯末和10%甘油组成的混合物进行动力学分析时，提出了 4 平行反应模型。对样品中的每个伪组分（纤维素、半纤维素、木质素和甘油）都是用一个一级反应来描述，结果表明通过该方法能够描述混合物热解的全过程。Opfermann 等[64]对各种方法的优缺点进行了对比，并指出总包一步反应动力学模型太过简单，使用范围窄，特别的，对于包含复杂反应的低阶煤热解过程来说，多步反应模型(MSRM)更加适合于煤热解动力学的描述。DAEM 模型属于 MSRM，已被广泛应用于煤的热解过程。基于标准分布活化能模型，Arenillas[65]提出了煤的热解过程可以分为两个阶段，低温时的主要热解阶段，对应于轻质气体和焦油的释放；高温时的二次脱气阶段，此时，分子间发生聚合生成半焦。基于以上思想，Caprariis 等[66]提出了2 分布活化能反应模型（2DAEM），并与标准分布活化能模型进行了对比，结果表明，使用 2DAEM 大大提高了模型模拟的精度。Jain 等[67]对各种动力学模型进行了严格的对比，结果同样表明，在所有煤热解模型中，2DAEM 模型对热解过程的描述是最准确的。

（4）动力学模型参数的求取

最早以前的动力学模型大部分使用的都是一级动力学反应模型，采用的方法是对速率方程的积分或微分形式进行线性拟合，但当该方法不能适用时，研究者开始提出了等转化率方法（Iso-conversional or model free），此时不需要之前的依赖于浓度项进行求取就可得出每一个转化率点处的动力学参数。因此，为了获得脱挥发分过程对应的动力学参数，对于方程（1-1），通常有两种方法：方法一，给出反应模型 $f(V)$ 的方程表达式，称为模型拟合方法；方法二，不需要给出反应模型 $f(V)$ 的方程表达式，称为等转化率或无模型方法。在等转化率方法中，动力学参数的获得需要至少 3 条不同升温速率下的热重曲线（TG）；而模型拟合方法最大优点是简单且能避免选择动力学模型不合适带来的误差。目前为止，具有代表性的四个等转化率方法分别为 Friedman 法、FWO 法、KAS 法[68]和 Kissinger 法[69]，以上四种方法对应的方程表达式见表 1-2，这些方法详细的推导过程见相应的参考文献。

表 1-2　煤热解动力学常用等转化率方法

等转化率方法	数学表达式
Friedman 法[68]	$\ln\left(\beta\dfrac{d\alpha}{dT}\right)=\ln(k_0f(\alpha))-\dfrac{E_0}{RT}$
FWO 法[68]	$\ln(\beta)=\ln\left(\dfrac{k_0E}{Rg(\alpha)}\right)-5.331-1.052\dfrac{E_0}{RT}$
KAS 法[68]	$\ln\left(\dfrac{\beta}{T^2}\right)=\ln(k_0f(\alpha))-\dfrac{E_0}{RT}$
Kissinger 法[69]	$\ln\left(\dfrac{\beta}{T_{\max}^2}\right)=\ln\left(\dfrac{k_0R}{E_0}\right)-\dfrac{E_0}{RT_{\max}}$

如前所述，由于煤热解过程的复杂性，对于煤热解过程的描述应该选择使用多步动力学反应模型和分布活化能反应模型（DAEM），文献已经证明它们对于复杂化合物热解过程的描述更加准确、适用[67]。关于分布活化能中动力学参数的求解同样有两种方法：模型拟合方法（model-fit 法）和无模型法（model-free 法）。

标准 DAEM 的数学表达式如下：

$$\alpha(T)=\int_0^\infty\left\{1-\exp\left[-\frac{k_0}{\beta}\int_0^T\exp\left(-\frac{E}{RT}\right)dT\right]\right\}f(E)dE \tag{1-15}$$

为了得到 DAEM 方程中的动力学参数，通常认为活化能呈高斯分布，即：

$$f(E)=\frac{1}{\sigma\sqrt{2\pi}}\exp\left[-\frac{(E-E_0)^2}{2\sigma^2}\right] \tag{1-16}$$

式中，E_0 为平均活化能值，σ 为标准偏差。

将式（1-16）代入式（1-15），并对温度 T 微分得如下表达式：

$$\frac{d\alpha(T)}{dT}=\frac{1}{\sigma\sqrt{2\pi}}\int_0^\infty\frac{k_0}{\beta}\exp\left[-\frac{E}{RT}-\frac{k_0}{\beta}\int_0^T\exp\left(-\frac{E}{RT}\right)dT-\frac{(E-E_0)^2}{2\sigma^2}\right]dE \tag{1-17}$$

Miura 和 Maki 提出了式（1-17）的简化形式：

$$\ln\left(\frac{\beta}{T^2}\right) = \ln\left(\frac{k_0 R}{E}\right) + 0.6075 - \frac{E}{RT} \qquad (1\text{-}18)$$

因此，对于某一转化率，基于至少三条不同升温速率可以得出 $\ln(\beta/T^2)$ 与 $1/T$ 的关系图，该转化率下的 E 和 k_0 可以从该直线的斜率和截距得出[70]。

但已有研究表明对于 DAEM 模型，该等转化率方法与模型拟合方法相比不能很好地描述煤的整个热解过程[67]。且对于 2DAEM 这种非标准分布活化能模型，只能使用模型拟合方法进行动力学参数的求取。关于模型拟合方法，不同的研究者对该模型中的参数 k_0、$f(E)$ 以及反应级数的定义不同。对于 $f(E)$，目前使用最多的是 logistic 分布[71]和 Gaussian 分布[72]。Miura 使用 19 种煤样，在 DAEM 模型中使用 Gaussian 分布描述煤热解过程中活化能的分布情况，结果表明使用 Gaussian 分布可以很好地描述煤的热解过程[70]。模型拟合方法中的最优化方法主要包括直接搜索法、模拟退火法、模型搜索法〔pattern search (PS) method〕、多点搜索矩阵法（multistart algorithm method）、差分进化算法（differential evolution algorithm method）。其中，研究表明 PS 方法计算精度高、步数少，被认为是这几种优化方法中最合适的。另外，在模型拟合过程中，由于协同效应的存在[73]，多组 k_0 和 E_0 都能够对实验数据进行拟合，因此，选择合适的初值是模型拟合的关键。

1.2.4.2 网络模型

随着现代分析仪器的发展，对煤结构的研究手段也越来越精确，为此，研究者基于煤的结构提出了复杂的网络模型，如：官能团-解聚、蒸发与交联（FG-DVC）模型，Flashchain 模型以及化学渗透脱挥发分（CPD）模型。

（1）官能团-解聚、蒸发与交联（FG-DVC）模型

Solomon 等[74]提出了 FG-DVC，即官能团-脱聚、蒸发、交联模型，由 FG 和 DVC 两个子模型组成。FG 子模型主要描述官能团分解生成气体产物的过程，DVC 子模型则通过桥键断裂、交联和焦油形成来描述煤大分子网络结构的分解和聚合。DVC 模型最初使用的是蒙特卡罗法来描述煤大分子的断键、耗氢和蒸发过程，之后使用渗透理论进行描述。该模型主要基于以下假设[75]：①官能团的分解生成气体；②大分子网络分解生成煤塑体和焦油；③煤塑体分子量的分布主要取决于网络配位数；④桥键的断裂受煤中可供氢的限制，煤大分子解聚受桥键断裂的限制；

⑤大分子的再固化受交联控制，并伴随 CO_2 和 CH_4 的生成；⑥焦油生成速率受传质控制，轻质焦油分子通过蒸发逸出，蒸出速率正比于焦油组分的蒸气压和气体产率。FG-DVC 模型可以预测焦油、气体和半焦的产率，以及焦油的分子量分布。

（2）Flashchain 模型[76]

该模型的基础是能量分子链模型 Dischain、能量分布阵模型 Disaray、Flashtwo闪蒸模拟的化学动力学和大分子构象。该模型认为，煤是芳香核线型碎片的混合物，其中的芳香核由弱键或稳定键两两相连，^{13}C-NMR 可以测定芳香核中的碳数。芳香核碎片末端的外围官能团被认为是脂肪性的，它们是非冷凝气体的前驱体。通过概率论可以描述最初及热解过程中桥键、外围官能团及各种尺寸碎片的比率。煤热解时，不稳定桥键或者解离为更小尺寸的碎片，或者聚合生成半焦，大分子碎片的断裂使用渗透链统计学来模拟，中间体和较小的煤塑体碎片的断裂则用带均一速率因子的总体平衡来描述。焦油只能由最小的煤塑体碎片以平衡闪蒸的模式形成。Flashchain 模型同样可预见焦油、半焦和轻质气体的产率。

（3）CPD 模型[77]

化学渗透脱挥发分 CPD 模型将煤看作是由桥键连接的芳环大分子结构，基本组成单元为芳香簇、桥键、侧链和环。CPD 模型主要包括以下 5 个子模型：①化学反应子模型，该模型用来描述煤受热时大分子结构中桥键的断裂机理，反应首先从不稳定桥键断裂开始，所形成的反应中间体或者重新连接到煤大分子结构上，或者通过与氢结合使断开的活性中间体稳定化并生成两个侧链，最终生成轻质气体；②渗透统计理论子模型，通过该模型可以得出含有 n 个簇的有限碎片的概率；③闪蒸子模型，该模型决定煤基体中热解得到的有限碎片是否蒸发形成焦油气体，由该模型最终可以得出有限碎片通过蒸发成为焦油的含量，同时得到了留在煤基体中胶质体的含量；④传质子模型，该模型用来描述生成的气体焦油由颗粒内传出颗粒外的传质机理，该模型认为气体焦油产生后，由于胶质体到焦油的相变会使得该物质的体积增大 2～3 个数量级，焦油的放出是通过对流机制进行传质的，不需要借助轻质气体进行传质；⑤交联机理，用来描述胶质体重新连接于无限煤基体中的情况。对于烟煤，交联反应发生在焦油发出之后；对于褐煤，交联反应与焦油的放出是同时进行的。CPD 模型一共用到 9 个动力学参数和 5 个结构参数，动力学参数对所有煤种都适用，化学结构参数则因煤种而异，通过固态 NMR即可得到所有化学结构参数。CPD 模型同样可以预测煤热解时焦油、气体和半焦的产率，以及焦油的分子量分布。

该类网络模型确实体现了结构决定性质的本质，即仅靠对煤结构的测试表征而不用热解实验就可以预测得到焦油和轻质气体的产率。这些模型均使用简化的煤结构及网络统计学来描述焦油前驱体的生成，但在网络的几何形状、断桥和交联反应动力学、热解产物、统计方法和传质假设上存在区别。由于该类模型特别复杂，而且对原煤化学结构参数的输入要求十分精确，为此，对于煤或生物质等复杂物质的热解，该类模型的广泛应用也受到了很大限制。

动力学模型的建立是了解煤热解反应机理，定量描述煤热解过程的重要方法，同样也是反应器设计、放大及优化的基础及重要组成部分。

1.3　热解产物半焦利用技术现状

低阶煤无论经过催化热解或与生物质共热解等方法热解后，仍然都会剩余大量半焦，若将热解半焦废弃，一方面会降低煤或生物质的利用效率，造成资源的大量浪费；另一方面，半焦储存费用高，同时会带来环境污染问题。众所周知，半焦具有挥发分低、固定碳高、热值高等特点，具有很高的利用价值，因此，近年来关于半焦的利用非常受重视。半焦气化是半焦利用的重要途径之一，该技术是以生物质半焦或煤热解半焦为原料，以空气、氧气、水蒸气、二氧化碳等为气化剂，将半焦转化为 H_2、CO、CH_4、CO_2 等气体的过程。进行半焦气化研究既有助于深入理解气化反应机理，为气化工艺的设计提供理论支撑，同时又有助于有效利用热解副产物半焦，获得有价值的气体燃料，提供能源保障。

1.3.1　半焦气化的主要反应[78]

（1）气-固反应

$$C+\frac{1}{2}O_2 = CO, \qquad \Delta H_1 = -110.6\text{kJ}/\text{mol} \qquad (1\text{-}19)$$

$$C+O_2 = CO_2, \qquad \Delta H_2 = -393.6\text{kJ}/\text{mol} \qquad (1\text{-}20)$$

$$C+H_2O = H_2+CO, \qquad \Delta H_3 = -131.3\text{kJ}/\text{mol} \qquad (1\text{-}21)$$

$$C + CO_2 = 2CO, \qquad \Delta H_4 = 172.5 kJ / mol \qquad （1-22）$$

$$C + 2H_2 = CH_4, \qquad \Delta H_5 = -74.9 kJ / mol \qquad （1-23）$$

（2）气-气反应

$$H_2 + \frac{1}{2}O_2 = H_2O, \qquad \Delta H_6 = -241.9 kJ / mol \qquad （1-24）$$

$$CO + \frac{1}{2}O_2 = CO_2, \qquad \Delta H_7 = -283 kJ / mol \qquad （1-25）$$

$$CO + H_2O = H_2 + CO_2, \qquad \Delta H_8 = -41.2 kJ / mol \qquad （1-26）$$

$$CO + 3H_2 = CH_4 + H_2O, \qquad \Delta H_9 = -206.1 kJ / mol \qquad （1-27）$$

$$2CO + 2H_2 = CH_4 + CO_2, \qquad \Delta H_{10} = -203.3 kJ / mol \qquad （1-28）$$

$$CO_2 + 4H_2 = CH_4 + 2H_2O, \qquad \Delta H_{11} = -208.9 kJ / mol \qquad （1-29）$$

通过上述方程式可以看出，半焦气化是一个复杂的多相物理化学反应过程，除了半焦与水蒸气的气化反应以外，水煤气变换、甲烷化、甲烷重整等多个反应均会影响气化反应的结果，最终的气体组成是一系列反应相互竞争的结果。因此通过控制反应条件获得高附加值的气体产物意义重大。

1.3.2 气化剂对半焦气化的影响

空气、O_2、CO_2、水蒸气、O_2/水蒸气、CO_2/水蒸气等是半焦气化过程中常用的气化剂。由于半焦与空气气化反应所需设备相对比较简单、原料适应性强、运行成本低等，因此研究者已进行了大量研究。主要的化学反应见方程式（1-19）～方程式（1-29）。但如果采用空气作为气化介质，由于空气中大量 N_2 的存在，导致生成气体热值较低，另外，生成的 CO 极易与 O_2 发生反应生成 CO_2，因此，为了提高半焦气化产物的利用价值，必须严格控制反应系统中的空气用量。半焦 CO_2 气化一直是国内外研究的热点，这主要是由于半焦的 CO_2 气化能够有效利用 CO_2 气体，有效降低 CO_2 排放，且碳与 CO_2 反应可以获得更多的 CO，因此，研究者对于半焦 CO_2 气化已进行了大量的研究[79,80]。半焦水蒸气气化由于其气化速率明显高于 CO_2 气化反应，且半焦水蒸气气化反应生成的 H_2、CH_4 较多，而 CO_2、CO 等含量较少，有利于可燃气的后续处理，因而被认为是最有应用前景的一种气化工艺。主要的化学反应见方程式（1-21）、方程式（1-23）及以下水蒸气重整反应。

$$CH_4 + H_2O \longrightarrow CO + 3H_2 \qquad (1\text{-}30)$$

目前关于生物质半焦和煤半焦气化主要以 CO_2 和 H_2O 为气化剂进行了大量的研究。Fang 等[81]在循环流化床中进行了煤半焦的 CO_2 常压气化，系统地研究了操作气速、温度、氧含量及煤种对半焦气化的影响。张科达等[82]研究了 CO_2 气氛下生物质半焦、煤半焦及其混合半焦的反应性。结果表明，相同条件下，生物质半焦的气化反应活性明显高于褐煤半焦，在温度高于 900℃条件下，混合半焦的气化反应性较单一组分半焦的反应性要差。Matsuoka 等[83]在加压鼓泡流化床上研究了煤半焦的水蒸气气化，并考察了反应压力和反应温度对实验结果的影响，作者通过使用半焦水蒸气气化的 Langmuir-Hinshelwood（L-H）模型较为准确地预测了鼓泡流化床上煤半焦水蒸气的气化速率。赵辉等[84]在高温条件下 1000～1300℃时研究了水蒸气与白松、锯末与稻壳 3 种生物质的反应性，结果表明 3 种生物质半焦的反应性表现出相同趋势，当转化率在 0.3～0.4 之间时，半焦反应活性达到最大，随后又降低。作者还指出，高温有利于缩短反应时间，提高 CO 产率；含碳量及灰中的金属氧化物含量对半焦气化反应性存在一定的影响。Yan 等[85]在固定床反应器中研究了生物质快速热解半焦水蒸气气化反应性，结果表明在反应温度 850℃，S/B 为 0.165 时氢气的产率达到最大。Kajitani 等[86]在 1300℃气化温度下，使用不同 CO_2 浓度和不同 H_2O 浓度，进行了半焦 CO_2 气化和半焦水蒸气气化反应活性对比研究。结果表明：在 CO_2 浓度为 25%之前，CO_2 气化反应速率随 CO_2 组分浓度的升高而升高，但当 CO_2 浓度大于 25%后，继续增加 CO_2 气化剂的浓度，其反应速率几乎不再增加。另外，在相同摩尔分数时，水蒸气气化反应速率比 CO_2 气化反应速率快 4 倍左右。He 等[87]在旋风炉中研究了生物质半焦空气/水蒸气混合气氛下的气化反应。此时，燃烧和气化在一个旋风炉中进行，半焦与空气燃烧放出的热可以用来提供半焦水蒸气气化反应，从而实现能量的自给。作者详细研究了当量比（ER）、水蒸气与半焦的摩尔比（S/C）对气化活性的影响。结果表明：增加 ER 反应器温度会升高，同时提高了干气收率、H_2 收率和碳转化效率，在 ER=0.36，S/C=0.45 时，气体产率可以达到 3.72N·m^3/kg，低热值 LHV 为 4.16kJ/(N·m^3)。Bai 等[88]对 CO_2/H_2O 混合气氛下半焦气化进行了详细的研究，结果表明在 800～1100℃范围内，半焦气化反应速率由高到低分别为 60%H_2O+40%CO_2>40%H_2O+60%CO_2>100%H_2O>

100%CO_2，说明 CO_2 和 H_2O 会发生协同作用从而提高半焦气化反应速率。关于半焦在水蒸气或 CO_2 单一气氛下气化过程及机理研究已相对比较充分，但关于混合气氛下的研究仍存在不足。

1.3.3 半焦催化气化

传统的气化反应都是在高温条件下进行的，气化温度高于 1000℃，但从节能环保的角度考虑，低温半焦气化更适合以后的发展方向。因此，研究者们利用半焦气化过程中直接添加催化剂的方法来提升半焦气化反应速率，常用的催化剂主要包括碱金属、碱土金属、过渡金属和天然矿石类催化剂。Ye 等[89]探讨了 Na、Ca、Ni 和 K 四种金属对煤焦气化反应活性的催化作用，结果表明，四种金属的催化活性强弱顺序为：Na>K>Ca>Ni。俞元元等[90]研究了生物质稻壳半焦和麦秸半焦水蒸气催化气化的反应特性，研究结果表明，K 基和 Na 基催化剂对生物质半焦的水蒸气气化都有明显的促进作用，且 K 基催化剂的催化效果明显优于 Na 基催化剂。Huang 等[91]在热重分析仪上对杉木半焦进行了 CO_2 催化气化特性研究，实验考察了 Mg、Na、Ca、K 和 Fe 这 5 种金属催化剂的催化效果。研究表明，这 5 种催化剂的添加均促进了半焦 CO_2 气化反应的进行，且 5 种金属的催化活性强弱顺序为：K>Na>Ca>Fe>Mg，作者采用 XRD 和 SEM 实验指出，催化剂的添加在半焦表面形成了"斑点"状的活性中心点，这些活性位促进了气化反应的进行。Mitsuoka 等[92]使用热重分析仪在 850～950℃温度范围内，CO_2 浓度（体积分数）在 20%～80% 范围内研究了碱金属 K 和碱土金属 Ca 对于生物质半焦 CO_2 气化反应的影响。结果表明，K 和 Ca 的存在明显改善了半焦的 CO_2 气化反应速率，K 和 Ca 在气化反应过程中会负载在半焦上形成 K-半焦和 Ca-半焦从而增强气化反应。Wang 等[93]在实验室固定床反应器上使用 K_2CO_3 催化剂进行了煤半焦的催化水蒸气气化研究，并与不加催化剂情况下的热解产物进行了对比。结果表明：当 K_2CO_3 负载量在 10%～17.5% 时，在 700～750℃范围内，煤半焦的催化水蒸气气化反应显著，得到的气体产物为富氢气体，仅含有少量的一氧化碳，无甲烷气体生成，该研究有助于消除或简化传统的氢气净化系统中甲烷重整和水煤气变换过程，作者使用氧转移机理及中间体机制解释了该催化剂用于煤半焦水蒸气催化气化的机理。

K_2CO_3 催化剂被认为是最有商业前景的催化剂，但该催化剂易失活，从而导致气化率降低和催化剂回收困难等缺点，进而限制了它的进一步工业化应用。研究者指出 K 与煤中的矿物质相互作用是该催化剂失活的主要原因[94]。Nzihou 等[95]总结了生物质半焦和煤半焦气化所用的催化剂及催化作用机理，并指出了各种催化剂的优缺点。作者指出：对于半焦气化，最有效的催化剂为第一主族元素，特别是锂和钾元素。生物质中最常见的金属为钾元素，该元素除了本身具有的活性外，还能通过挥发均匀地分布在半焦中形成 K/半焦负载催化剂。钙是另外一种在半焦中常存在的元素，但相对于钾活性和挥发性都较低。碱金属十分容易与二氧化硅形成硅酸盐，从而失去催化活性。铝元素的存在同样也会使碱金属和碱土金属活性降低。过渡金属中 Fe 能够促进气化反应而 Ni 能够防止积炭的生成。Wang 等[96]提出了一种新方法来减轻 K_2CO_3 催化剂在气化过程中的失活问题，即在半焦的制备过程中加入 $Ca(OH)_2$，它可以抑制 K_2CO_3 与煤炭中酸性矿物的相互作用，减缓 K_2CO_3 的失活，另外还可能在煤焦表面形成更多的活性氧中间体提高气化转化率。结果表明，加入 $Ca(OH)_2$ 后的半焦的催化气化活性明显高于之前不加 $Ca(OH)_2$ 的气化活性。对于加入 $10\%Ca(OH)_2$ 后在 900℃热解后的半焦，80%的钾可以得到回收，然而不加入 $Ca(OH)_2$ 时通过 $10\%K_2CO_3$ 催化气化后仅 26.9%的钾得到了回收，进一步证明了 $Ca(OH)_2$ 的加入可以抑制 K_2CO_3 的失活。

尽管关于半焦气化已经进行了大量的研究，但实际的工业化应用仍然存在很多问题。进一步解决半焦气化过程中存在的问题，研发可以进行工业化应用的催化剂和气化装置对于半焦的高效利用意义重大。

1.4　热解产物焦油提质研究现状

焦油是煤热解、生物质热解及煤与生物质共热解的重要产物。热解焦油组分十分复杂。由于该焦油产物黏度高、热稳定性差、腐蚀性强，因此，所得到的热解焦油不能被直接使用。焦油提质是热解焦油被利用的重要前提，目前已进行了大量研究，主要集中在以下几个方面。

1.4.1 焦油加氢脱氧

焦油的加氢脱氧是焦油提质的一种传统方法，通常需要在高压条件下和催化剂催化下进行。焦油的加氢过程是通过供氢溶剂提供氢，使用催化剂 Co-Mo，Ni-Mo，及它们的氧化物作为催化剂来对焦油进行提质的一种方法。焦油中的氧以 H_2O 或者 CO_2 的形式除去，焦油的能量密度升高。Şenol 等[97]通过使用模型化合物庚酸甲酯和甲酸己酯，使用硫化的 $NiMo/\gamma-Al_2O_3$ 和 $CoMo/\gamma-Al_2O_3$ 催化剂研究了羧基中氧的脱除机理。结果表明，脂肪族甲基酯主要通过三个途径脱氧生成碳氢化合物：第一个途径，首先生成醇之后脱水生成碳氢化合物；第二个途径，通过脱酯反应生成醇和羧酸；第三个途径，羧酸或者直接进一步转化为烃类，或者与醇中间体一起转化为烃类。Artok 等[98]在氢气压力 6.9MPa，温度范围为 375～425℃条件下，使用 MoS_2 做催化剂研究了焦油模型化合物二苯醚的加氢脱氧过程，结果发现二苯醚首先加氢裂化为苯和酚，并通过将酚转化为苯和环己烷以及环己烷的异构化反应生成甲基环戊烷。许人军等[99]总结了煤焦油中主要含氧化合物：酚类、萘类、酯类、酸类、呋喃类和醛类等在加氢脱氧（HDO）过程中的反应机理及反应路径，并总结了该过程中直接脱氧和间接脱氧的相互关系及路径选择。

由于焦油加氢脱氧提质需要复杂的装置，成本高，且存在催化剂失活和反应器堵塞的情况，因此目前并不能满足市场的需求。还需进一步研究含氧化合物在不同类型催化剂上的加氢脱氧反应机理，揭示本质原因，开发新型的选择性好的适合煤焦油加氢脱氧的催化剂，为实际油品的加氢脱氧反应和工业化生产提供依据。

1.4.2 焦油催化裂解

含氧焦油可以通过催化剂分解将氧以 H_2O、CO_2 或 CO 的形式脱去。Adam 等[100]

研究了催化剂 Al-MCM-41，Cu/Al-MCM-41 和通过孔扩张后的 Al-MCM-41 对生物油组成的影响。结果表明：当热解产生的焦油通过催化剂层后产物的组成发生了变化，左旋葡聚糖被完全去除，乙酸、糠醛和呋喃的产率会增加，催化作用降低了云杉木纤维素热解产物中大分子酚的含量。Adjaye 和 Bakhshi 等[101]研究了 5 种催化剂对生物油的提质效果。结果表明，HZSM-5 催化剂对生物油脱氧是最有效的催化剂，通过使用该催化剂所得焦油中总烃和芳烃的含量最多，而积炭最少。作者还提出了使用该催化剂时焦油提质的反应路径。Guo 等[102]对生物质焦油催化裂解提质的不同催化剂进行了总结，并指出焦油催化裂化是焦油利用的有效途径之一，研发具有高催化活性和抗积炭能力强的催化剂是关键。

尽管焦油催化裂化被认为是将含氧化合物转化为轻质组分最经济的一条路径，但由于高的积炭率（8%～25%）以及所得焦油品质仍然比较差，为此，寻求高转化率，低积炭率的高效催化剂十分必要。

1.4.3　焦油水蒸气重整

通过焦油水蒸气重整制氢是焦油利用的重要途径之一。由于生物质可以再生，因此，生物质衍生的氢能目前得到了学术界的广泛关注，生物质焦油的催化重整是一种可行且具有市场竞争力的制氢技术。生物焦油可以通过生物质快速热解获得，最高产率可达 75%[103]。由于生物质焦油低价、产率高且易于运输，因此，生物质焦油的催化重整技术更加经济有效，且在以后的工业应用中更易于放大。因此，该项技术迅速发展并得到了大量研究。然而，对于生物质焦油的催化重整技术，催化剂的活性和选择性是该技术的核心问题，已经成为该技术进一步工业化应用的限制因素和瓶颈。研究者已经通过固定床和流化床对该技术进行了广泛研究。

Czernik 等[104]利用流化床进行了焦油水蒸气重整，结果表明，通过水蒸气重整 100kg 木材进行热解可以获得 6kg 氢气，相当于氢气理论计算值的 80%。商业镍催化剂表现出高的活性，且该催化剂通过水蒸气或 CO_2 重整极易再生。但由于用于固定床的催化剂在流化床中极易磨损，在流化床中催化剂会以 5%/天的速率被夹带出去。因此，研发活性高且机械强度高的催化剂对于流化床中焦油的水蒸气重整十分必要。Garcia 等[105]使用 Mg 和镧对催化剂载体进行了修饰，增加了水蒸气在催化剂上的吸附能力，从而提高了碳的气化效率；并使用钴和铬作为助剂来抑制积炭的生成。Takanabe 等[106]使用催化剂 Pt/ZrO$_2$进行了焦油模型化合物乙酸的水蒸气重整实验，结果表明，Pt 对于该水蒸气重整过程至关重要。ZrO$_2$可以活化水蒸气，同样有利于低聚物前驱体的形成。实验证明，焦油水蒸气重整过程发生在 Pt-ZrO$_2$界面上，当催化剂界面被低聚物覆盖后催化剂就会失活。催化剂是该技术的核心。官国清等[107]对焦油水蒸气重整使用的催化剂进行了详细的总结，并指出了这些催化剂的优缺点：贵金属催化剂具有催化活性高、稳定性持久、抗积炭能力强等优点，但贵金属价格昂贵；Ni 基催化剂活性高，但表面易形成积炭极易失活；其它过渡金属催化剂 Fe、Co、Cu 等表现出优良的催化性能，但在重质焦油含量高的情况下极易形成积炭导致失活；碱金属同样对焦油重整表现出高的催化活性，但该催化剂极易与生成的合成气一起挥发出去；天然矿石催化剂由于价格便宜且产量丰富，已经被广泛应用于焦油水蒸气重整反应中，但该类型催化剂催化活性低、机械强度差，使之不适合用于流化床的研究中；分子筛类催化剂由于高的热稳定性、抗硫能力强、易于再生，被认为是很好的催化剂载体；生物质半焦同样可以作为焦油水蒸气重整反应的催化剂或催化剂载体，由于该类物质在生物质气化炉内自然生成，成本低。生物质灰同样也被认为可以作为该类反应的催化剂，但它们的催化活性较低。作者还指出，催化剂表面形成积炭是几乎所有催化剂失活的主要原因。因此，依据积炭机理设计新型的抗积炭催化剂十分必要。由于焦油十分复杂，一种催化剂组分可能不能实现焦油中所有分子的转化，因此，很有必要开发含有多种组分的催化剂以适用于实际真实焦油的水蒸气重整过程。为了降低能耗，开发低温条件下具有高催化活性的催化剂，同样十分重要。另外，开发适用于流化床反应器的高机械强度的催化剂，也是该方向研究的重点之一。

1.4.4　焦油中含氧化合物酸性组分的催化研究进展

低阶煤与生物质共热解焦油及生物质焦油是一种极其复杂的混合物，含氧化合物含量高，主要包括羧酸类、醛类、酮类、醇类、酚类衍生物、呋喃类、糖类及其它大分子含氧化合物。含氧化合物的存在使焦油具有高的腐蚀性和低热值，因此脱氧提质是焦油提质的重要组成部分。由于传统的加氢脱氧技术需要高压和氢气的存在，使设备复杂，成本高，不利于进一步的工业化放大。

沸石分子筛被证明具有较高的脱氧催化活性，可以通过脱氧反应如脱羧、脱羰、脱水，低聚，脱氢、催化裂化、芳构化等将含氧化合物转化为碳氢化合物。Du 等[108]发现 HZSM-5 催化剂与其它分子筛相比具有高的脱氧催化活性，可以得到高的芳香烃含量，但由于该分子筛孔径的限制，焦油中大的分子不能进入该分子筛孔道，从而不能得到完全分解。为了解决该问题，Kaewpengkrow 等[109] 研究了具有高表面积和大孔径的氧化硅、氧化铝和氧化钛基催化剂，从而降低了焦油中的酸、酚类、酮类和糖的含量，增加了烃的含量。目前，多种金属 Mg、Ni、Cu、Ga、Fe、Co、Pd 和 Mo 被负载在多孔材料上，用于焦油的脱氧提质反应中。文献指出，当载体表面积低，孔道窄时，在热处理过程中负载的金属极易烧结[110]。Karnjanakom 等[111] 使用介孔二氧化硅材料 MCM-41 和 KIT-6 作为载体，采用 β-环糊精（CD）辅助浸渍法制备了 Cu/MCM-41-CD 和 Cu/KIT-6-CD 催化剂，并用于生物质快速热解焦油的原位提质。结果表明，这两种催化剂表现出优异的脱氧催化性能，Cu 含量为 20% 的 MCM-41-CD 和 KIT-6-CD 的催化活性最高，提质后的生物油富含苯、甲苯、二甲苯等单环芳烃，烃类相对含量可以分别高达 73.2% 和 86.1%。

羧酸是生物质焦油中主要的物质，而甲酸和乙酸是主要的产物。关于生物质焦油模型化合物乙酸，目前已进行了大量的研究。Li 等[112]使用密度泛函理论计算研究了乙酸作为焦油模型化合物在 Pd(111)、Ni(111)、Co(111)平面和 Co 倾斜面上的分解机理。为了更进一步了解酸性组分的热分解机理，作者进一步使用密度泛函理论计算和微观动力学模型研究了生物质焦油模型化合物甲酸在催化剂 Co 表面上的分解机理[113]。Karimi 等[114]使用红泥作为催化剂进行了焦油模型化合物甲酸、乙酸及甲酸和乙酸混合物的热分解研究。结果表明，红泥可以作为酸性组分分解的有效催化剂，将酸性组分转化为非酸性物质，主要转化为酮、烯烃、烷烃以及由酮、醛和醇二次反应产物。另外使用甲酸和乙酸的混合物作为热解焦油的模拟体系，在热分解过程中，甲酸可以作为内部供氢物质得到更多的烃类产物。红泥能否作为实际焦油分解的催化剂仍在做进一步的研究。

总之，生物油已经得到世界各地国际能源组织的广泛认可，经过提质后它可以用作发动机或燃气涡轮机燃料等化工行业资源。但该技术目前仍然存在很多问题需要解决，如：催化剂性能，抗积炭能力，催化剂再生，工艺放大过程中反应器的设计问题等。如果能够很好地解决目前存在的一系列问题，那么生物质焦油就可以实实在在地被我们利用，生物质能将在我们的日常生活中得到广泛应用。

参考文献

[1] 薛文博, 武卫玲, 付飞, 等. 中国煤炭消费对PM2.5污染的影响研究[J]. 中国环境管理, 2016(2): 94-98.

[2] 姚建中, 郭慕孙. 煤炭拔头提取液体燃料新工艺[J]. 化学进展, 1995, 7(3): 205.

[3] Jonathan P, Mathews, Alan L. Chaffee. The molecular representations of coal-A review[J]. Fuel, 2012, 96: 1-14.

[4] Arenillas A, Rubiera F, Pis J J. Simultaneous thermogravimetric-mass spectrometric study on the pyrolysis behavior of different rank coals[J]. Journal of Analytical and Applied Pyrolysis, 1999, 50 (1): 31-46.

[5] Xu W C, Tomita Akira. Effect of coal type on the flash pyrolysis of various coals[J]. Fuel, 1987, 66(5): 627-631.

[6] Squire K R, Solomon P R, Carangelo RM, et al. Tar evolution from coal and model polymers: 2. The effects of aromatic ring sizes and donatable hydrogens[J]. Fuel, 1986, 65 (6): 833-843.

[7] 王鹏, 文芳, 步学胡, 等. 煤热解特性研究[J]. 煤炭转化, 2005, 28(1): 8-13.

[8] Tyler, R J. Flash pyrolysis of coals. Devolatilization of bituminous coals in a small fluidized-bed reactor[J]. Fuel, 1980, 59 (4): 218-226.

[9] 朱群益, 赵广播, 阮根健, 等. 煤粉热解时升温速率对最终挥发分产量的影响[J]. 哈尔滨工业大学学报, 1 996, 28 (3): 35-39.

[10] Li B Q, Mitchell S C, Snape C E. Effect of heating rate on normal and catalytic fixed-bed hydropyrolysis of coals[J]. Fuel, 1996, 75(12): 1393-1396.

[11] Stubington J F, Sasongko D. On the heating rate and volatile yield for coal particles injected into fluidised bed combustors[J]. Fuel, 1998, 77 (9-10): 1021-1025.

[12] Solomon P R, King H H. Tar evolution from coal and model polymers: theory and experiments[J]. Fuel 1984, 63(9): 1302-1311.

[13] Russel W B，Saville D A，Greene M I. A model for short residence time hydropyrolysis of single coal particles[J]. Aiche Journal, 1979, 25(1): 65-80.

[14] 廖洪强, 李保庆, 张碧江. 煤-焦炉气共热解特性的研究: 温度的影响[J]. 燃料化学学报. 1998, 26(3): 79-83.

[15] Liu J, Hu H, Jin L, et al. Effects of the catalyst and reaction conditions on the integrated process of coal pyrolysis with CO_2 reforming of methane[J]. Energy &Fuels. 2009, 23(10): 4782-4786.

[16] Jin L, Li Y, Feng Y, et al. Integrated process of coal pyrolysis with CO_2 reforming of methane by spark discharge plasma[J]. Journal of Analytical & Applied Pyrolysis. 2017, 126: 194-200.

[17] 熊燃. 褐煤提质与流化床热解拔头基础研究[D]. 杭州: 浙江大学, 2009.

[18] 张晓方, 金玲, 熊燃, 等. 热分解气氛对流化床煤热解制油的影响[J]. 化工学报, 2009, 60(9): 2299-2307.

[19] Ariunaa A, Li B, Li W, et al. Coal pyrolysis under synthesis gas, hydrogen and nitrogen[J]. Journal of Fuel Chemistry and Technology, 2007, 35(1): 1-4.

[20] 李保庆. 煤加氢热解研究 I: 宁夏灵武煤加氢热解的研究[J]. 燃料化学学报, 1995, 23(1): 57-61.

[21] Zhang J Q, Becker H A, Code R K. Devolatilization and combustion of large coal particles in a fluidized-bed[J]. Canadian Journal of Chemical Engineering, 1990, 68(6): 1010-1017.

[22] Borah R C, Rao P G, Ghosh P. Devolatilization of coals of northeastern India in inert atmosphere and in air under fluidized bed conditions[J]. Fuel Processing Technology, 2010, 91 (1): 9-16.

[23] Ross D P, Heidenreich C A, Zhang D K. Devolatilisation times of coal particles in a fluidised-bed[J]. Fuel, 2000, 79 (8): 873-883.

[24] 姚建中, 郭慕孙. 煤炭拔头提取液体燃料新工艺[J]. 化学进展, 1995,7 (3): 205-208.

[25] Li C Z, Sathe C, Kershaw J R, et al. Fates and roles of alkali and alkaline earth metals during the pyrolysis of a Victorian brown coal[J]. Fuel, 2000, 79(3): 427-438.

[26] 朱延钰. 氧化钙催化煤温和气化研究[J]. 燃料化学学报, 2000, 28(1): 36-39.

[27] Ohtsuka Y, Wu Z, Furimskyb E. Effect of alkali and alkaline earth metals on nitrogen release during temperature programmed pyrolysis of coal[J]. Fuel, 1997, 76(14): 1361-1367.

[28] Altuntaş Öztaş N, Yürüm Y. Effect of catalysts on the pyrolysis of Turkish Zonguldak bituminous coal[J]. Energy & fuels, 2000, 14(4): 820-827.

[29] Chareonpanich M, Zhang Z G, Nishijima A, et al. Effect of catalysts on yields of monocyclic aromatic hydrocarbons in hydrocracking of coal volatile matter[J]. Fuel, 1995, 74(11): 1636-1640.

[30] Feng J, Xue X, Li X, et al. Products analysis of Shendong long-flame coal hydropyrolysis with iron-based catalysts[J]. Fuel Processing Technology, 2015, 130(2): 96-100.

[31] Li S, Chen J, Hao T, et al. Pyrolysis of Huang Tu Miao coal over faujasite zeolite and supported transition metal catalysts[J]. Journal of Analytical & Applied Pyrolysis, 2013, 102(7): 161-169.

[32] 梁丽彤. 低阶煤催化解聚研究[D]. 太原: 太原理工大学, 2016.

[33] 邹献武, 姚建中, 杨学民, 等. 喷动-载流床中 Co/ZSM-5 分子筛催化剂对煤热解的催化作用[J]. 过程工程学报, 2007, 7(6): 1107-1113.

[34] 李爽, 陈静升, 冯秀燕. 应用 TG-FTIR 技术研究黄土庙煤催化热解特性[J]. 燃料化学学报, 2013, 41(3): 271-276.

[35] 陈静升, 马晓迅, 李爽, 等. CoMoP/13X 催化剂上黄土庙煤热解特性研究[J]. 煤炭转化, 2012, 35(1): 4-8.

[36] 李文英, 喻长连, 李晓红, 等. 褐煤固体热载体催化热解研究进展[J]. 煤炭科学技术, 2012, 40(5): 111-115.

[37] 周劲松, 王铁柱, 骆仲泱, 等. 生物质焦油的催化裂解研究[J]. 燃料化学学报, 2003, 31(2): 144-148.

[38] 邓靖, 李文英, 李晓红, 等. 橄榄石基固体热载体影响褐煤热解产物分布的分析[J]. 燃料化学学报, 2013, 41(8): 937-942.

[39] Hossain A K, Davies P A. Pyrolysis liquids and gases as alternative fuels in internal combustion engines: A review[J]. Renewable & Sustainable Energy Reviews, 2013, 21(5): 165-189.

[40] Koppejan J, Van Loo S. The handbook of biomass combustion and co-firing[M]. London: Routledge, 2012.

[41] 米铁, 唐汝江, 陈汉平, 等. 生物质气化技术比较及其气化发电技术研究进展[J]. 能源工程, 2004 (5): 33-37.

[42] Taba L E, Irfan M F, Wan Daud W A M, et al. The effect of temperature on various parameters in coal, biomass and Co-gasification: A review[J]. Renewable & Sustainable Energy Reviews, 2012, 16(8): 5584-5596.

[43] Kuppens T, Cornelissen T, Carleer R, et al. Economic assessment of flash co-pyrolysis of short rotation coppice and biopolymer waste streams[J]. Journal of Environmental Management, 2010, 91(12): 2736-2747.

[44] 武宏香, 李海滨, 赵增立. 煤与生物质热重分析及动力学研究[J]. 燃料化学学报, 2009, 37(5): 538-545.

[45] Nikkhah K, Bakhshi N N, MacDonald D G. Co-pyrolysis of various biomass materials and coals in a quartz semi-batch reactor[J]. Energy from Biomass and Wastes, 1993, 16: 857-857.

[46] 周仕学, 聂西文. 高硫强黏结性煤与生物质共热解的研究[J]. 燃料化学学报, 2000, 28(4): 294-297.

[47] 张丽. 落下床反应器中煤与生物质共热解研究[D]. 大连: 大连理工大学, 2006.

[48] 阎维平, 陈吟颖. 生物质混合物与煤共热解的协同特性[J]. 中国电机工程学报, 2007, 27(2): 80-86.

[49] Storm C, Rüdiger H, Spliethoff H, et al. Co-pyrolysis of coal/biomass and coal/sewage sludge mixtures[J]. Journal of Engineering for Gas Turbines & Power, 1999, 121(1): 55-63.

[50] 李世光, 徐绍平. 煤与生物质的共热解[J]. 煤炭转换, 2002, 25(1): 7-12.

[51] 李文, 李保庆. 生物质热解, 加氢热解及其与煤共热解的热重研究[J]. 燃料化学学报, 1996, 24(4): 341-347.

[52] Collot A G, Zhuo Y, Dugwell D R, et al. Co-pyrolysis and co-gasification of coal and biomass in bench-scale fixed bed and fluidized bed reactors[J]. Fuel, 1999, 78(6): 667-679.

[53] 尚琳琳, 程世庆, 张海清. 生物质与煤共热解特性研究[J]. 太阳能学报, 2006, 27(8): 852-856.

[54] Storm C, Rudiger H, Spliethoff H, et al. Co-pyrolysis of coal/biomass and coal/sewage sludge mixtures[J]. Journal of Engineering for Gas Turbines and Power, 1999, 121(1): 55-63.

[55] 马光路, 刘岗, 曹青. 生物质与聚合物, 煤共热解研究进展[J]. 生物质化学工程, 2007, 41(3): 47-51.

[56] 李世光. 煤热解和煤与生物质共热解过程中硫的变迁[D]. 大连: 大连理工大学, 2006.

[57] Solomon P R, Hamblen D G. Schlosberg R H. Pyrolysis in chemistry of coal conversion[C]. New York: Plenum, 1985: 121-250.

[58] 朱学栋, 朱子彬, 张成芳, 等. 煤的热解研究Ⅳ: 官能团热解模型[J]. 华东理工大学学报(自然科学版), 2001, 27(2): 113-116.

[59] Pitt G J. The kinetics of the evolution of volatile products from coal[J]. Fuel, 1962, 41, (3): 267-274.

[60] 杨景标, 张彦文, 蔡宁生. 煤热解动力学的单一反应模型和分布活化能模型比较[J]. 热能动力工程, 2010, 25(3): 57-61.

[61] 袁传杰, 黄雪莉. 新疆沙尔湖褐煤的结构与热解特性[J]. 煤质技术, 2013(3): 1-4.

[62] 常瑜, 李林, 梁丽彤, 等. 内蒙古和印尼褐煤的热解特性及动力学分析[J]. 煤炭转化, 2011, 34(2): 4-7.

[63] Bartocci P, Anca-Couce A, Slopiecka K, et al. Pyrolysis of pellets made with biomass and glycerol: Kinetic analysis and evolved gas analysis[J]. Biomass & Bioenergy, 2017, 97: 11-19.

[64] Opfermann J R, Kaisersberger E, Flammersheim H J. Model-free analysis of thermoanalytical data-advantages and limitations[J]. Thermochimica Acta, 2002, 391(1-2): 119-127.

[65] Arenillas A, Rubiera F, Pevida C, et al. A comparison of different methods for predicting coal devolatilisation kinetics[J]. Journal of Analytical & Applied Pyrolysis, 2001, 58-59(2): 685-701.

[66] De Caprariis B, De Filippis P, Herce C, et al. Double-Gaussian distributed activation energy model for coal devolatilization[J]. Energy & Fuels, 2012, 26(10): 6153-6159.

[67] Jain A A, Mehra A, Ranade V V. Processing of TGA data: Analysis of isoconversional and model fitting methods[J]. Fuel, 2016, 165: 490-498.

[68] Liu H. Combustion of coal chars in O_2/CO_2 and O_2/N_2 mixtures: a comparative study with

non-isothermal thermogravimetric analyzer (TGA) tests[J]. Energy & Fuels, 2009, 23(9): 4278-4285.

[69] Cai J, Wang Y, Zhou L, et al. Thermogravimetric analysis and kinetics of coal/plastic blends during co-pyrolysis in nitrogen atmosphere[J]. Fuel Processing Technology, 2008, 89(1): 21-27.

[70] Miura K, Maki T. A simple method for estimating $f(E)$ and $k_0(E)$ in the distributed activation energy model[J]. Energy & Fuels, 1998, 12(5): 864-869.

[71] Cai J, Jin C, Yang S, et al. Logistic distributed activation energy model-Part 1: Derivation and numerical parametric study[J]. Bioresource Technology, 2011, 102(2): 1556-1561.

[72] Zhang J, Chen T, Wu J, et al. Multi-Gaussian-DAEM-reaction model for thermal decompositions of cellulose, hemicellulose and lignin: comparison of N_2 and CO_2 atmosphere[J]. Bioresource technology, 2014, 166: 87-95.

[73] Czajka K, Kisiela A, Moroń W, et al. Pyrolysis of solid fuels: Thermochemical behaviour, kinetics and compensation effect[J]. Fuel Processing Technology, 2016, 142: 42-53.

[74] Solomon P R, Hamblen D G, Carangelo R M, et al. General model of coal devolatilization[J]. Energy Fuels, 1988, 2(4): 405-422.

[75] Niksa S. FLASHCHAIN theory for rapid coal devolatilization kinetics. 4. Predicting ultimate yields from ultimate analyses alone[J]. Energy & Fuels, 1994, 8(3): 659-670.

[76] Niksa S. FLASHCHAIN theory for rapid coal devolatilization kinetics. 5. Interpreting rates of devolatilization for various coal types and operating conditions[J]. Energy & Fuels, 1994, 8(3): 671-679.

[77] Fletcher T H, Kerstein A R, Pugmire R J, et al. Chemical percolation model for devolatilization. 3. Direct use of carbon-13 NMR data to predict effects of coal type[J]. Energy & Fuels, 1992, 6(4): 414-431.

[78] Emami-Taba L, Irfan M F, Daud W M A W, et al. Fuel blending effects on the co-gasification of coal and biomass-A review[J]. Biomass and bioenergy, 2013, 57: 249-263.

[79] Struis R P W J, Scala C V, Stucki S, et al. Gasification reactivity of charcoal with CO_2. Part I: Conversion and structural phenomena[J]. Chemical Engineering Science, 2002, 57(17): 3581-3592.

[80] Mani T, Mahinpey N, Murugan P. Reaction kinetics and mass transfer studies of biomass char gasification with CO_2[J]. Chemical Engineering Science, 2011, 66(1): 36-41.

[81] Fang Y, Huang J, Wang Y, et al. Experiment and mathematical modeling of a bench-scale circulating fluidized bed gasifier[J]. Fuel Processing Technology, 2001, 69(1): 29-44.

[82] 张科达, 步学朋, 王鹏, 等. 生物质与煤在 CO_2 气氛下共气化特性的初步研究[J]. 煤炭转化, 2009, 32(3): 9-12.

[83] Matsuoka K, Kajiwara D, Kuramoto K, et al. Factors affecting steam gasification rate of

low rank coal char in a pressurized fluidized bed[J]. Fuel Processing Technology, 2009, 90(7-8): 895-900.

[84] 赵辉, 周劲松, 曹小伟,等. 生物质半焦高温水蒸气气化反应动力学的研究[J]. 动力工程学报, 2008, 28(3): 453-458.

[85] Yan F, Luo S Y, Hu Z Q, et al. Hydrogen-rich gas production by steam gasification of char from biomass fast pyrolysis in a fixed-bed reactor: influence of temperature and steam on hydrogen yield and syngas composition[J]. Bioresource Technology, 2010, 101(14): 5633-5637.

[86] Kajitani S, Hara S, Matsuda H. Gasification rate analysis of coal char with a pressurized drop tube furnace[J]. Fuel, 2002, 81(5): 539-546.

[87] He P W, Luo S Y, Gong C, et al. Gasification of biomass char with air-steam in a cyclone furnace[J]. Renewable Energy, 2012, 37(1): 398-402.

[88] Bai Y, Wang Y, Zhu S, et al. Synergistic effect between CO_2, and H_2O on reactivity during coal chars gasification[J]. Fuel, 2014, 126(9): 1-7.

[89] Ye D P, Agnew J B, Zhang D K. Gasification of a South Australian low-rank coal with carbon dioxide and steam: kinetics and reactivity studies[J]. Fuel, 1998, 77(11): 1209-1219.

[90] 俞元元, 肖军, 沈来宏,等. 不同催化剂对生物质半焦低温气化效果的影响[J]. 农业工程学报, 2013, 29(3): 190-197.

[91] Huang Y, Yin X, Wu C, et al. Effects of metal catalysts on CO_2, gasification reactivity of biomass char[J]. Biotechnology Advances, 2009, 27(5): 568-572.

[92] Mitsuoka K, Hayashi S, Amano H, et al. Gasification of woody biomass char with CO_2: The catalytic effects of K and Ca species on char gasification reactivity[J]. Fuel Processing Technology, 2011, 92(1): 26-31.

[93] Wang J, Jiang M, Yao Y, et al. Steam gasification of coal char catalyzed by K_2CO_3, for enhanced production of hydrogen without formation of methane[J]. Fuel, 2009, 88(9): 1572-1579.

[94] Formella K, Leonhardt P, Sulimma A, et al. Interaction of mineral matter in coal with potassium during gasification[J]. Fuel, 1986, 65(10): 1470-1472.

[95] Nzihou A, Stanmore B, Sharrock P. A review of catalysts for the gasification of biomass char, with some reference to coal[J]. Energy, 2013, 58(3): 305-317.

[96] Wang J, Yao Y, Cao J, et al. Enhanced catalysis of K_2CO_3, for steam gasification of coal char by using $Ca(OH)_2$ in char preparation[J]. Fuel, 2010, 89(2): 310-317.

[97] Şenol O İ, Viljava T R, Krause A O I. Hydrodeoxygenation of methyl esters on sulphided NiMo/γ-Al_2O_3, and CoMo/γ-Al_2O_3 catalysts[J]. Catalysis Today, 2005, 100(3-4): 331-335.

[98] Artok L, Erbatur O, Schobert H H. Reaction of dinaphthyl and diphenyl ethers at lique-faction conditions[J]. Fuel processing technology, 1996, 47(2): 153-176.

[99] 许人军, 胡薇月, 崔文岗,等. 煤焦油加氢脱氧精制研究进展[J]. 广州化工, 2016, 44(15): 39-42.

[100] Adam J, Blazsó M, Mészáros E, et al. Pyrolysis of biomass in the presence of Al-MCM-41 type catalysts[J]. Fuel, 2005, 84(12-13): 1494-1502.

[101] Adjaye J D, Bakhshi N N. Production of hydrocarbons by catalytic upgrading of a fast pyrolysis bio-oil. Part I: Conversion over various catalysts[J]. Fuel Processing Technology, 1995, 45(3): 161-183.

[102] Guo X, Yan Y, Ren Z. The using and forecast of catalyst in biooil upgrading[J]. Acta Energiae Solaris Sinica, 2003, 24(2): 206-212.

[103] Bridgwater A V. Review of fast pyrolysis of biomass and product upgrading[J]. Biomass & Bioenergy, 2012, 38(2): 68-94.

[104] Czernik S, French R, Calvin Feik A, et al. Hydrogen by catalytic steam reforming of liquid byproducts from biomass thermoconversion processes[J]. Industrial & Engineering Chemistry Research, 2002, 41(17): 4209-4215.

[105] Garcia L, French R, Czernik S, et al. Catalytic steam reforming of bio-oils for the production of hydrogen: effects of catalyst composition[J]. Applied Catalysis A General, 2000, 201(2): 225-239.

[106] Takanabe K, Aika K I, Seshan K, et al. Sustainable hydrogen from bio-oil Steam reforming of acetic acid as a model oxygenate[J]. Journal of Catalysis, 2004, 227(1): 101-108.

[107] Guan G Q, Kaewpanha M, Hao X G, et al. Catalytic steam reforming of biomass tar: prospects and challenges[J]. Renewable & Sustainable Energy Reviews, 2016, 58: 450-461.

[108] Du Z, Ma X, Yun L, et al. Production of aromatic hydrocarbons by catalytic pyrolysis of microalgae with zeolites: Catalyst screening in a pyroprobe[J]. Bioresource Technology, 2013, 139(7): 397-401.

[109] Kaewpengkrow P, Atong D, Sricharoenchaikul V. Catalytic upgrading of pyrolysis vapors from Jatropha wastes using alumina, zirconia and titania based catalysts[J]. Bioresource Technology, 2014, 163(7): 262-269.

[110] Zhao M, Florin N H, Harris A T. The influence of supported Ni catalysts on the product gas distribution and H_2 yield during cellulose pyrolysis[J]. Applied Catalysis B: Environmental, 2009, 92(1-2): 185-193.

[111] Karnjanakom S, Guan G, Asep B, et al. Catalytic upgrading of Bio-oil over Cu/MCM-41 and Cu/KIT-6 prepared by β-Cyclodextrin-assisted Co-impregnation method[J]. The Journal of Physical Chemistry C, 2016, 120 (6): 3396-3407.

[112] Li X B, Wang S R, Zhu Y Y, et al. DFT study of bio-oil decomposition mechanism on a Co stepped surface: Acetic acid as a model compound[J]. International Journal of

Hydrogen Energy, 2015, 40(1): 330-339.

[113] Li X, Wang S, Zhu Y, et al. DFT and microkinetic studies of bio-oil decomposition on a cobalt surface: formic acid as a model compound[J]. Energy Fuels, 2017, 31 (2): 1866-1873.

[114] Karimi E, Gomez A, Kycia S W, et al. Thermal decomposition of acetic and formic acid catalyzed by red mud-implications for the potential use of red mud as a pyrolysis bio-oil upgrading catalyst[J]. Energy Fuels, 2010, 24(4): 2747-2757.

第 2 章　低阶煤热解宏观动力学模型的建立

2.1　引言

2.2　热重分析

2.3　单颗粒模型分析

2.1　引言

　　煤是一种极其复杂的混合物。如何对复杂的煤热解过程进行描述，已经引起了研究者的广泛关注。动力学模型的建立不仅实现了对煤热解过程的定量描述，而且对于实验设备的放大和反应器的优化设计意义重大。目前，关于煤热解的动力学模型主要包括经验模型和网络模型。众所周知，一步反应动力学模型简单，所需动力学参数少，特别容易与 CFD 反应器模拟相结合，因此，目前大部分的 CFD 模拟使用的是一步动力学模型[1-3]。但该类模型太过简单，适应性差，不能反映煤热解过程的复杂性，而网络模型能够很好地描述煤热解的复杂反应过程，但它需要极其精确的煤结构参数，另外，在与 CFD 结合的过程中需要特别长的计算时间。尽管目前的计算机性能已明显提高，但对于真实的反应器模拟过程，将复杂的网络模型与 CFD 模拟相结合仍然存在一定的困难。而居于两者之间的分布活化能模型（DAEM）不仅能描述煤复杂的热解过程，适应范围广，而且易于与 CFD 模型相结合，因此，DAEM 模型已被广泛应用于定量描述复杂物质如煤、生物质、固体垃圾及煤和生物质混合物的热解过程[4-8]。关于 DAEM 动力学模型中参数的求解主要包括模型拟合和无模型方法。其中无模型方法主要为 Miura-Maki 方法[9]，该方法为等转化率方法，活化能和指前因子通过至少 3 条不同升温速率下的热重曲线获得。但已有研究表明该等转化率方法与模型拟合方法相比不能很好地描述煤的整个热解过程[10]。而对于模型拟合方法，由于指前因子与活化能之间"补偿效应"的存在[11,12]，选择合适的初值对于模型拟合方法至关重要。但在目前的研究中通常将指前因子或者随意指定一个值，或者参考其它文献中的数值，又或者将指前因子与活化能同时进行优化[13,14]。因此，寻求合适的建立初值的方法对于 DAEM 模型中动力学参数的确定至关重要。

　　以上建立的动力学模型只有当煤颗粒非常小，可以忽略颗粒内的传热传质时才能正确描述煤的热解过程。但由于粉煤存在前处理困难，生成重质焦油与煤粉难以分离，容易堵塞管道等问题，因此，目前已提出采用颗粒煤为原料来实现低阶煤多联产技术的工业化应用。通过使用毫米级的颗粒煤作为原料不仅降低了前处理成本，而且有利于设备的稳定运行，可以解决粉煤为原料时的上述缺点[15]。但对于大的煤颗粒，由于颗粒内传热传质的影响，煤的热解过程明显不同于粉煤的热解过程[16]。因此，在反应器的模拟过程中直接使用上述经验模型及网络模型已不能准确描述煤的热解过程，建立包含传热传质在内的宏观动力学反应模型对于反应器模拟及放大意义重大。对于颗粒煤热解历程的了解及热解时间的确定对于反应器的设计以及反应条件的优化至关重要。

流化床由于传热传质效率高、升温速率快、混合均匀且适于大规模连续化生产等优点，因此在工业上已得到广泛应用[17,18]。特别地，对于热解，流化床具有升温速率快、停留时间短以及产物冷却效率高等优点，可获得高的焦油产率。因此，本文针对内蒙古兴和煤建立了描述该煤颗粒热解的宏观动力学反应模型，并从颗粒尺度上研究了该煤颗粒在鼓泡流化床内受热时颗粒内复杂的物理化学过程。鉴于 DAEM 动力学模型不仅能描述煤热解复杂反应的本质，适用范围广，而且易于与之后的 CFD 反应器模拟相结合，本文首先利用非等温热重分析技术对煤的热解行为和特性进行了基础研究，采用分布活化能模型（DAEM）对其热解的动力学进行了描述，提出了使用无模型方法和模型拟合方法相结合的方式进行了动力学参数的求取，得到了内蒙古兴和煤热解的本征动力学参数。之后基于获得的本征动力学参数结合传热模型，建立了描述单颗粒煤热解的一维非稳态宏观动力学模型，经过模型验证后，利用该单颗粒模型对鼓泡流化床中煤颗粒内的温度场及脱挥发分过程进行了详细的模拟研究，并考察了煤颗粒粒径对煤热解过程的影响。这一系统的研究可以为该煤种进行工业反应器的模拟及反应器的放大提供基础的理论指导。

2.2　热重分析

2.2.1　实验煤样物性及热重分析

2.2.1.1　煤样物性分析

实验用煤为内蒙古兴和褐煤，实验前使用颚式破碎机对煤颗粒进行粉碎，利用不锈钢筛网得到 200 目以下（<0.075mm）的粉煤，并置于真空干燥箱中在 105℃下干燥 10h，用于工业分析、元素分析及热重分析。煤样的工业分析依据国标（ASTM 3172-75）进行测定。元素分析是在德国 EA 公司的 Vario EL 型元素分析仪上进行的。灰分测定是在 X 射线能谱（EDX-800HS，Shimadzu）上进行的。样品中含有的水分含量通过 MX50 水分分析仪（AND，日本）进行测定。内蒙古兴和煤的物性分析结果见表 2-1。

表 2-1　内蒙古兴和煤的工业分析和元素分析

工业分析[①]	质量分数/%	元素分析[④]	质量分数/%
挥发分[②]	41.0	C	69.1
灰分	11.9	H	4.6
固定碳	47.1	O[②]	20.6
水分[③]	11.4	N	1.0
		S	4.7

① 干基；② 差值法；③ 空气干燥基；④ 干燥无灰基。

2.2.1.2　热重实验过程

内蒙古兴和煤热解非等温热重实验在型号为 Setaram SETSYS 的分析仪上进行。每次实验样品用量为 10mg，压力为常压，以流量为 100mL/min 的 Ar 作为载气为热解提供惰性氛围。采用 4 种不同的升温速率：5℃/min，10℃/min，20℃/min和 30℃/min，从室温恒速升温至 900℃，并保持 20min。为保证实验的准确性，每次实验至少做两次。

2.2.1.3　热重实验结果

图 2-1 为四种不同升温速率下内蒙古兴和煤的热重曲线（TG）和微分热重曲线（DTG）。从图中可以看到，对于不同的升温速率，低阶煤热解的失重过程具有相似的趋势。从图 2-1（b）可以看到：内蒙古兴和煤热解可以分为三个阶段，200℃之前的干燥脱气阶段；200~600℃之间的主要热解阶段，在该阶段以解聚和分解反应为主，放出大量的挥发分，脱挥发分速率在约 415℃达到最大值；600℃之后主要发生缩聚反应并进行二次脱气，剩余半焦。另外，从图 2-1 中 TG 和 DTG

曲线可以看出，不同升温速率对煤的热解过程还是有一定影响的，随着升温速率的升高，煤的失重略有增加。这是由于，当升温速率增加时，对煤结构的热冲击会更加强烈，使得在较低加热速率下不能断裂的一些化学键发生了断裂，故失重增加。另外，从 DTG 可以看出，升温速率会影响热解速率，随着升温速率的升高，最大失重速率对应的热解温度会延迟。

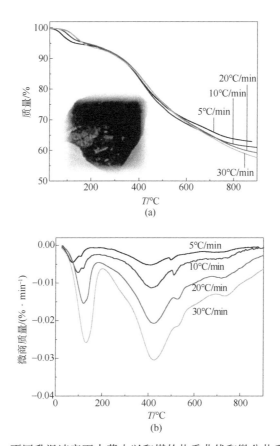

图 2-1 不同升温速率下内蒙古兴和煤的热重曲线和微分热重曲线

对于热解过程中主要产物的生成机理目前已进行了大量的研究[19-22]。李美芬[23]对低阶煤热解过程中主要气态产物的生成动力学及其机理进行了详细的研究，研究结果表明：CH_4 的生成是 5 个反应的结果，第一基元反应主要是吸附甲烷的脱附或甲氧基热解生成甲烷；第二基元反应为含氧官能团脂肪侧链热解生成甲烷和乙基 β 位断裂产生甲基，进而生成甲烷；第三基元反应主要是长链烷烃类的二次热解生成甲基，并与甲苯热解生成的氢自由基结合形成甲烷，同时，亚甲基桥键断裂产生甲基和氢化芳香环的脱甲基反应也是该阶段的主要反应；第四基元反应为甲苯热解生成甲烷和脂肪链的环化和芳构化生成甲烷；第五基元反应为芳构化作用的结果。H_2 的生成也是 5 个反应的结果，第一基元反应主要是甲苯热解生成苄自由基和氢自由基，氢自由基之间结合形成 H_2，另外，长链脂肪烃二次热解会生成较为短链的脂肪类自由基，进一步热解生成氢自由基，生成 H_2；第二基元反应主要为环烷烃的芳构化形成 H_2 或氢化芳香环脱氢；第三基元反应主要为芳环之间的缩聚产生 H_2；第四基元反应主要是芳香体系脱氢的结果；第五基元反应是芳香体系增大的过程。CO_2 生成机制如下：低温时是羧基热解产生 CO_2 和甲氧基热解生成甲烷、CO_2 两种反应的综合作用；较高温度时可能与煤中的含氧杂环有关；而 700℃ 以后 CO_2 的逸出与矿物质（主要是碳酸盐物质）的分解有关。Mae[20]等认为 H_2O、CO 和 CO_2 的产率主要是煤中羟基或羧基发生交联反应生成醚和酯的结果，并认为每生成一种气体就会产生一个交联，故含氧官能团含量越多，生成的 H_2O、CO 和 CO_2 就越多。Porada[21]等在对甲烷生成曲线分峰拟合的基础上，指出甲烷的生成是 6 个反应综合作用的结果。Hodek 等[22]则认为甲烷的生成是 3 个反应的结果，第一个反应为脂肪醚的断裂，在 400～450℃ 范围内；第二反应甲烷的生成主要为甲基官能团和亚甲基桥的断裂，在 500～550℃ 范围内；第三基元反应为芳香杂环的断裂，发生在 700℃ 左右。煤热解产物生成机理的研究有助于了解煤的热解过程，为煤热解产物的定向调控提供参考。

2.2.2　DAEM 理论基础

分布活化能模型已被广泛应用于多种复杂物质的热分解过程，并被证明可以很好地描述整个热分解过程[4,7,24]。分布活化能模型认为煤的热解是由一系列一级平行不可逆反应组成，每一个反应都有各自的活化能，所有活化能呈一定的连续分布。该模型数学表达式如下：

$$\alpha(T) = \int_0^\infty \left\{ 1 - \exp\left[-\frac{k_0}{\beta} \int_0^T \exp\left(-\frac{E}{RT} \right) dT \right] \right\} f(E) dE \tag{2-1}$$

式中，α 为煤热解转化率；T 为热力学温度；k_0 为指前因子；β 为升温速率；

E 为活化能；R 为理想气体常数；$f(E)$ 为活化能分布函数。

为了得到 DAEM 方程中的动力学参数，通常认为活化能呈高斯分布，即：

$$f(E) = \frac{1}{\sigma\sqrt{2\pi}} \exp\left[-\frac{(E-E_0)^2}{2\sigma^2}\right] \tag{2-2}$$

式中，E_0 为平均活化能；σ 为标准偏差。

将式（2-2）代入式（2-1），并对温度 T 微分可得到如下表达式：

$$\frac{\mathrm{d}\alpha(T)}{\mathrm{d}T} = \frac{1}{\sigma\sqrt{2\pi}} \int_0^\infty \frac{k_0}{\beta} \exp\left[-\frac{E}{RT} - \frac{k_0}{\beta}\int_0^T \exp\left(-\frac{E}{RT}\right)\mathrm{d}T - \frac{(E-E_0)^2}{2\sigma^2}\right]\mathrm{d}E \tag{2-3}$$

关于以上动力学参数的求解，不同的研究者使用了不同的方法，主要分为两大类：模型拟合和无模型法。已有研究表明无模型方法虽然能够更好地描述煤热解的真实过程，但相对于模型拟合方法来说不能够很好地描述整个热解过程。而模型拟合方法虽然能够很好地描述整个热解过程，但由于活化能 E_0 和指前因子 k_0 存在补偿效应，合理的赋初值是该方法的关键。因此，为了获得更能真实反映该煤种特性的动力学参数，本研究使用模型拟合与无模型方法相结合的方式进行动力学参数的求取。

首先使用 Miura 和 Maki 提出的无模型方法获得动力学参数的范围及动力学参数的平均值，为之后的模型拟合方法提供拟合所需的参数值。

Miura 和 Maki 提出了式（2-3）的简化形式：

$$\ln\left(\frac{\beta}{T^2}\right) = \ln\left(\frac{k_0 R}{E}\right) + 0.6075 - \frac{E}{RT} \tag{2-4}$$

对于某一转化率，基于至少三条不同升温速率可以得出 $\ln(\beta/T^2)$ 与 $1/T$ 的关系图，该转化率下的 E 和 k_0 可以从该直线的斜率和截距得出。具体步骤如下[9]：

① 通过热重实验测得至少 3 条不同升温速率下的失重曲线。

② 计算以上不同升温速率下失重曲线上处于同一失重率 x 下的 β/T^2 值和 $1/T$ 值，将计算所得值 $\ln(\beta/T^2)$ 对 $1/T$ 作图，理论分析证明这些点应形成一条直线，由线性回归所得直线的斜率和截距即可得该失重率 x 下的 E 和 k_0；

③ 重复步骤②，可以得到不同失重率下的 E 和 k_0；将失重率 x 对活化能作图，即可得到热解反应过程中的活化能分布曲线；将失重率对活化能进行微分，可得到活化能的分布曲线 $f(E)$。

将无模型方法所得动力学参数的平均值作为模型拟合的初值，所得参数的范围作为模型拟合的限制条件，即可得出分布活化能模型中的动力学参数。目标函数如下：

$$S = \sum_{i=1}^{n_d} \left[\left(\frac{d\alpha}{dT} \right)_{exp, i} - \left(\frac{d\alpha}{dT} \right)_{cal, i} \right]^2 \tag{2-5}$$

式中，n_d 代表数据点的个数；$(d\alpha/dT)_{exp}$ 代表实验值；$(d\alpha/dT)_{cal}$ 代表基于初值和式（2-3）计算得到的计算值。

关于模型拟合，不同的研究者提出了不同的方法，如直接搜索法、模拟退火法、模型搜索法。但研究已经证明，模型搜索法计算步数少、精度高，明显优于其它算法[10,25]。因此，本文选用模型搜索法进行动力学参数的求取。

2.2.3 热解动力学分析

如前所述，鉴于 DAEM 模型既能准确描述煤复杂的热解过程，同时能兼顾与 CFD 模型的耦合，因此，本研究使用 DAEM 模型对煤的热解过程进行描述，使用模型拟合与无模型方法相结合的方式，进行该模型中低阶煤热解动力学参数的求取。

首先通过 Miura 和 Maki 方法即等转化率方法对低阶煤热解动力学进行了分析。本研究计算了从 0.10～0.95 范围内 18 个不同转化率下对应的活化能和指前因子。基于 3 种不同的升温速率（10℃/min，20℃/min 和 30℃/min），按照 Miura-Maki 方法得到了图 2-2 所示的不同失重率下的 $\ln(\beta/T^2)$ 对 $1/T$ 的关系图。基于方程（2-4），通过图 2-2 中不同失重率下直线的斜率和截距，我们可以得出该失重率下对应的指前因子（k_0）和活化能（E_0）。不同失重率下的线性方程、线性相关系数以及计算得到的动力学参数见表 2-2。

从图 2-2 和表 2-2 可以看出：18 个不同转化率下，除失重率为 0.95 外，所有其它方程的线性系数均大于 0.90。该结果表明，使用 DAEM 模型描述低阶煤的热解是合理可信的。另外，我们可以看到，随着失重率的增大，内蒙古兴和煤的活化能并不是常数而是在不断升高，同时，频率因子表现出常见的"补偿效应"[11,12]，即活化能增大的同时，频率因子也在增大。以上说明，煤的热解过程并不是单一的一步反应过程，而是由无数个反应组成。内蒙古兴和煤的活化能在 78.17～

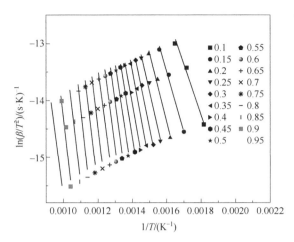

图 2-2　不同失重率下 ln（β/T^2）与温度倒数 $1/T$ 的关系图

表 2-2　不同失重率下线性相关系数及动力学参数

失重率（V/V）	斜率	截距	R^2	E_0/(kJ/mol)	k_0/s^{-1}
0.10	−8898.73	1.78	0.97	73.98	2.88×10^4
0.15	−10625.8	3.54	0.95	88.34	1.99×10^5
0.20	−12011	4.86	0.92	99.86	8.48×10^5
0.25	−13264.6	6.08	0.90	110.28	3.15×10^6
0.30	−14811.4	7.76	0.91	123.14	1.89×10^7
0.35	−16193.6	9.18	0.92	134.63	8.60×10^7
0.40	−17707.8	10.77	0.90	147.22	4.58×10^8
0.45	−19230	12.28	0.91	159.88	2.25×10^9
0.50	−20611.7	13.50	0.92	171.37	8.17×10^9
0.55	−21901.7	14.48	0.90	182.09	2.32×10^{10}
0.60	−23385.2	15.56	0.91	194.42	7.32×10^{10}
0.65	−24145	15.57	0.96	200.74	7.60×10^{10}
0.70	−25582	16.27	0.96	212.69	1.62×10^{11}
0.75	−26561	16.29	0.97	220.83	1.71×10^{11}
0.80	−26987.2	15.53	0.97	224.37	8.14×10^{10}
0.85	−26988.1	14.20	0.98	224.38	2.17×10^{10}
0.90	−26552.8	12.26	0.97	220.76	3.06×10^{10}
0.95	−24420.1	8.71	0.88	203.03	8.08×10^7

209.83kJ/mol 范围内，而指前因子在 $2.88\times10^4\sim1.71\times10^{11}s^{-1}$ 范围内。Cai 等[13]指出固态反应的活化能值应该在 $50\sim350$kJ/mol 范围内，表明该研究得到的活化能值是合理的。

Maki 已经使用 19 种煤对以上方法的合理性进行了验证[9]。但是，已有研究表明：与模型拟合方法相比，等转化率方法并不能很好地描述煤热解的整个热解过程[10]。如表 2-2 所示，本研究中使用该方法只能描述 $0.10\sim0.90$ 范围内内蒙古兴和煤的热解过程；而对于失重率大于 0.90 的热解过程，从表中可以看出，线性拟合结果并不理想。为了能够精确描述低阶煤热解全过程，且得到更加合理的动力学参数，本文基于以上获得的动力学参数范围，将以上动力学参数的平均值作为拟合初值，进行了动力学模型拟合，得出了内蒙古兴和煤热解的动力学参数。关于动力学拟合使用的拟合方法，不同的作者使用了不同的拟合方法。Cai 等[25]对不同拟合方法进行了比较，结果表明模型搜索（PS）方法迭代次数少，所需时间短且精度高，明显优于其它算法。因此，本研究同样使用了 PS 方法进行模型拟合。内蒙古兴和煤热解的动力学参数 E_0、k_0 和 σ 分别为 186.5kJ/mol、$3.96\times10^{10}s^{-1}$ 和 39.5kJ/mol。使用以上动力学参数对不同升温速率下内蒙古兴和煤的热解失重过程进行了预测，并与实验值进行了对比，结果见图 2-3。从图 2-3 中可以看出，该分布活化能能够很好地描述内蒙古兴和煤的整个热解过程，可以进一步应用于之后的单颗粒模型。

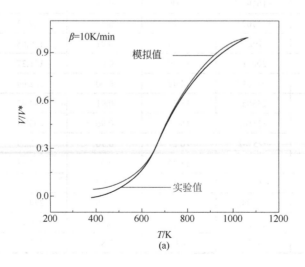

(a)

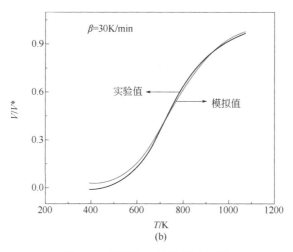

图 2-3　模拟与实验结果对比图

2.3　单颗粒模型分析

2.3.1　煤颗粒热解过程分析

图 2-4 为煤颗粒受热时颗粒内发生的复杂的物理化学现象：当煤颗粒受热时，热量首先通过辐射和对流传热从周围环境传到颗粒外表面，反应开始前，热量主要靠热传导向内部传递。颗粒受热时会发生的主要物理现象包括干燥、膨胀或收缩，这些物理过程会引起煤颗粒孔结构、密度及体积的变化，从而影响颗粒内的传热过程。当达到一定温度后，热解反应开始，生成气态产物，此时，除了煤颗粒自身的热传导外还存在反应热及气体产物的传质冷却热，同时挥发分向外溢出，

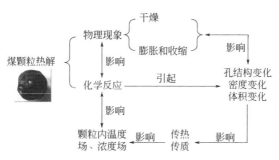

图 2-4　煤颗粒受热时颗粒内的物理化学现象

进行传质。煤热解反应的进行同样会引起颗粒内孔结构及密度变化，这些影响会进一步影响到颗粒内部的温度分布，从而反过来影响煤热解的脱挥发分速率。当反应结束后，煤颗粒脱挥发分完成，剩余固体半焦通过热传导进行传热升至环境温度，该过程结束。因此，可以看出煤的热解过程是一个复杂的物理化学过程，颗粒内的化学反应与煤颗粒的传热传质是强烈耦合在一起的。

2.3.2　单颗粒模型的假设

正如所有数学模型的建立一样，单颗粒煤热解数学模型的建立同样需要对以上复杂的物理化学现象进行合理的简化。

首先对煤颗粒热解前后的体积和形状变化进行了考察研究，实验装置见图 2-5，具体实验过程如下：热解前内蒙古兴和煤颗粒形状及颗粒尺寸见图 2-6（a）。实验开始前使用 100mL/min N_2 吹扫实验装置 30min，之后在 N_2 气氛下以 1000℃/min 的升温速率将煤颗粒从室温升温至 650℃，并保持 10min。实验结束后颗粒尺寸及颗粒形状见图 2-6（b）。

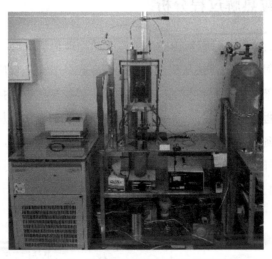

图 2-5　煤颗粒快速热解实验装置图

从图 2-6 可以看到，内蒙古兴和煤快速热解后颗粒尺寸保持不变且颗粒不发生破裂。Adesanya 和 Pham[26] 同样发现颗粒煤热解前后体积几乎保持不变。煤颗粒热解过程中颗粒形状及是否破裂与煤阶、加热收率及终温密切相关。

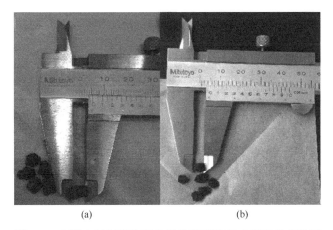

(a)　　　　　　　　　　　　　　(b)

图 2-6　内蒙古兴和煤快速热解前后颗粒尺寸及形状对比图

另外，Chern 和 Hayhurst[27]通过比较热传导所需的时间与传质所需的时间后发现煤颗粒热解过程中，颗粒内的传热是控速步骤。刘训良等[28]在研究中得到了同样的结论。因此，基于文献结果及以上实验结果，本研究对煤的热解过程进行了如下假设：

①　排除水分蒸发的影响，即认为颗粒煤已经在 110℃下恒温干燥。

②　假设煤颗粒为球形颗粒，热解过程中形状保持不变，不发生破裂。

③　热解过程为非等温的一维、非稳态过程。

④　忽略焦油二次反应，将轻质气体和焦油归为一种气体，且认为该气体遵守理想气体状态方程。

⑤　认为气体传质快，重点考察颗粒的传热对产品收率的影响，因为传热是颗粒煤热解的控速步骤[27,28]。

⑥　认为颗粒内各处的物性参数是各向同性。

简化后传热过程描述如下：

外界环境 —— 因素：辐射传热、对流传热 ——→ 颗粒表面 —— 因素：热传导、反应热 ——→ 颗粒中心

2.3.3　单颗粒数学模型的建立

基于以上假设，结合 DAEM 模型建立了描述颗粒煤热解过程的单颗粒模型。

（1）热解反应

煤颗粒内部的本征反应通过分布活化能反应模型（DAEM）进行描述。即在

颗粒内部任意径向位置，煤热解瞬时挥发分的析出速率（R_v）为：

$$R_v = \frac{\rho_0}{\sigma\sqrt{2\pi}}\int\left[k_0\exp\left(-\frac{E}{RT}\right)\right]\exp\left[-\frac{-(E-E_0)^2}{2\sigma^2}\right](V^*-V)\mathrm{d}E \qquad (2\text{-}6)$$

式中，ρ_0 为煤颗粒的初始密度，kg/m^3；E 为活化能，J/mol；V 为任一时刻煤热解挥发分产率。

计算该析出速率需要的参数包括指前因子 k_0，平均活化能 E_0，标准偏差 σ 以及该条件下热解挥发分总产率 V^*。这些参数通过 2.2.2 节所述方法获得。

（2）质量守恒方程

基于以上假设，即在煤颗粒受热反应过程中，煤颗粒的形状和尺寸保持不变，我们认为热解过程中煤颗粒的失重等同于颗粒密度的变化，而颗粒密度的变化是由煤热解脱挥发分引起的。式（2-7）给出了控制体积内的质量守恒方程。

$$\frac{\partial\rho}{\partial t} = -R_v \qquad (2\text{-}7)$$

（3）热量守恒方程

在热量守恒建立过程中，认为固相与气相之间存在热量平衡这一假设是最常用的一个假设。结合以上分析且认为热解生成挥发分传质冷却效应可以忽略，式（2-8）给出了控制体积内的热量守恒方程：

$$\frac{\partial(\rho C_p T)}{\partial t} = \frac{1}{r^2}\frac{\partial}{\partial r}\left(\lambda_s r^2\frac{\partial T}{\partial r}\right) + \rho_0 R_v \Delta H \qquad (2\text{-}8)$$

式中，等号左边第一项代表了控制体内的热量变化；等号右边第一项代表了由于导热所引起的热量变化；等号右边第二项为源项，表示由于热解反应引起的热量变化。

式（2-8）中的体积热容（ρC_p）和固体热导率（λ_s）均是温度的函数[29]：

$$\lambda_s = \begin{cases} 0.23 & T \leqslant 400^\circ\text{C} \\ 0.23 + 2.24\times10^{-5}\times(T-400)^{1.8} & T > 400^\circ\text{C} \end{cases} \qquad (2\text{-}9)$$

$$\rho C_p = \begin{cases} 1.92\times10^6 & T \leqslant 350^\circ\text{C} \\ 1.92\times10^6 - 2.92\times10^3\times(T-350) & T > 350^\circ\text{C} \end{cases} \qquad (2\text{-}10)$$

（4）边界条件

由于所模拟的煤颗粒是球形对称的，因此，颗粒表面与颗粒中心的传热过程与其它位置的传热过程是不同的。式（2-11）和式（2-12）给出了描述颗粒中心与颗粒外表面处传热过程的热量守恒方程，即边界条件：

$$当 t>0 时，在 r=0 处，\quad \frac{\partial T}{\partial r}=0 \qquad (2\text{-}11)$$

$$当 t>0 时，在 r=r_0 处，\quad -\lambda_s\frac{\partial T_s}{\partial r}=h_c(T_s-T_f)+\sigma\varepsilon_r(T_s^4-T_f^4) \qquad (2\text{-}12)$$

其中式（2-12）为混合边界条件，包括对流传热和辐射传热。其中 h_c 是总的对流传热系数，$W/(m^2\cdot K)$；T_s 和 T_f 分别为煤粒表面温度和床层温度；ε_r 为颗粒黑度，0.5；σ 为 Stefan-Boltzman 常数，$5.67\times10^8 W\cdot m^2\cdot K^{-4}$。

（5）初始条件

$$t=0 时，\qquad\qquad 0\leqslant r\leqslant r_0,\ T=T_0,\ \rho=\rho_0 \qquad (2\text{-}13)$$

模拟中使用的参数见表 2-3。结合式（2-6）～式（2-13），可以得到单颗粒受热时不同时间、不同位置处的密度和温度变化。

表 2-3　单颗粒模拟计算中使用的模型参数

参数	数值	数据来源
$E_0/(kJ/mol)$，$k_0/(s^{-1})$ 和 $\sigma/(kJ/mol)$	186.5，3.96×10^{10} 和 39.5	本研究
颗粒直径，D/mm	3，0.3	本研究
比反应热，$\Delta H/(kJ/kg)$	−300	文献[25]
初始温度，$T_0/(℃)$	25	
反应器温度，$T_f/(℃)$	900	
煤的有效导热系数，$\lambda_s/(W\cdot m^{-1}\cdot K^{-1})$	根据式（2-9）计算得到	文献[30]
体积比热容，$\rho C_p/(J\cdot m^{-3}\cdot K^{-1})$	根据式（2-10）计算得到	文献[30]
Stefan-Boltzman 常数，$\sigma/(W\cdot m^2\cdot K^{-4})$	5.67×10^{-8}	文献[31]
挥发分最终失重率，V^*	0.38	本研究

2.3.4　模型的求解

以上建立的单颗粒模型由式（2-6）～式（2-13）组成，这是一个非线性偏微分方程组初边值问题，本文使用有限差分法求解，为了保证计算的稳定性，采用 Crank-Nicolson 差分格式将以上的偏微分方程组离散为非线性代数方程组。通过 MATLAB 程序编程可求解得到不同时间、不同位置处的温度和挥发分产率值。

2.3.5　单颗粒模型研究

2.3.5.1　模型验证

在单颗粒模型的建立过程中，由于进行了许多假设和简化，为此，模型的验证至关重要，它是模拟研究的第一步，也是最重要的一步。Adesanya 和 Pham 通过实验测定了 650℃条件下，不同粒径单颗粒煤处于对流环境条件下，热解时颗粒中心的升温情况[32]。本研究使用建立的单颗粒模型，对该实验条件下不同粒径单颗粒煤热解时颗粒中心的热解历程进行了模拟，并与实验结果进行了对比，结果见图 2-7。

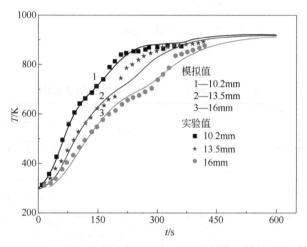

图 2-7　不同粒径煤颗粒中心处实测温度值与模拟结果对比图[32]

从图 2-7 可以看出，煤颗粒的热解过程主要分为三个阶段。第一个阶段主要为煤颗粒升温阶段，此时，热解反应还未开始，颗粒温度的变化主要由热导引起，颗粒中心温度单调增加。当颗粒内温度达到某一值后，进入第二阶段，热解反应开始，大量挥发分放出，此时热导和反应热同时影响煤颗粒的升温过程。由于煤的热解反应为强吸热反应，因此，从实验测得的升温曲线可以看到，在第二阶段出现了一个缓慢升温的平台。以上分析说明，在煤的热解模拟过程中考虑低阶煤的反应热是十分有必要的。当反应结束后，进入第三阶段，此时，温度快速升高，剩余半焦通过热传导升温至环境温度。本研究在模型建立过程中通过与实验结果对比，已将反应热考虑在内。从图 2-7 实验结果和模型拟合对比可以看出，考虑反应热在内的单颗粒模型能够更好地描述煤的整个热解过程，本研究关于单颗粒模型建立过程中的简化与假设是合理的，可以用于之后的模拟研究与预测。

2.3.5.2　鼓泡流化床中单颗粒煤的模拟研究

基于以上建立的单颗粒模型，本文对直径为 3mm 的内蒙古兴和煤颗粒在鼓泡流化床中颗粒内的传热及反应过程进行了详细研究。

在实际工程和自然科学中，几乎所有的问题在本质上都是多尺度的，而且在不同尺度上其结构和性能又具有各自的特点。对于一个反应器存在着多个尺度，反应器尺度是由于设备边界的影响而产生的，外部因素对过程行为的影响主要体现在这一个尺度上。非均匀结构尺度是由于流化床中任一位置会出现颗粒聚集的密相和因流体富集而出现的稀相。这一宏观结构的形成，使系统行为发生质的改变，其传递性能与分散体系中截然不同，界面现象在这一尺度发挥了重要作用。单颗粒尺度是反应器中的最小结构单元，化学反应发生在煤颗粒内部及表面，与传热强烈耦合在一起。对于煤的热解，单颗粒模拟是工程研究和放大的基础。目前，大部分的 CFD 模拟过程中使用的都是煤热解的本征一级动力学反应模型[1-3]，忽略了颗粒内部传热传质对热解过程的影响。但对于毫米级的煤颗粒，其热解行为特征与粉煤存在明显差别，因此，单颗粒模拟对于流化床反应器模拟至关重要，是反应器模拟过程中不可或缺的一部分。

图 2-8（a）和图 2-8（b）为 3mm 煤颗粒在流化床中热解时，颗粒内部不同时间、不同位置处的温度和煤颗粒密度变化三维图。我们可以看到，当煤颗粒进入 900℃ 的高温环境中时，由于煤颗粒属于不良导体，导致煤颗粒内在同一时间、不同位置处的温度值不同；温度的不同导致了热解反应过程的差异，使得在同一时间、不同位置处煤热解脱挥发分速率不同，最终导致不同位置处低阶煤颗粒密度值的不同。为了更清楚地了解该过程，我们选取了煤颗粒径向上不同的三个位置：颗粒中心（$r = 0$mm），中心层（$r = 0.75$mm）及颗粒的外层（$r = 1.5$mm）来考察各位置处的温度和密度随时间的变化情况，结果见图 2-9（a）和图 2-9（b）。

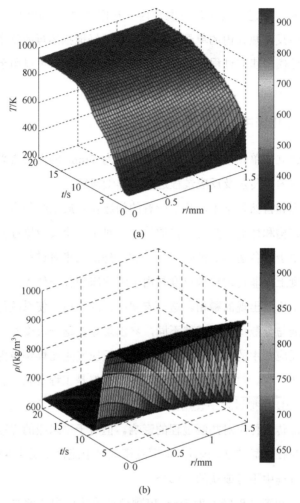

(a)

(b)

图 2-8　鼓泡流化床中 3mm 单颗粒煤热解模拟结果
（a）时间-位置-温度三维图；（b）时间-位置-密度三维图

　　众所周知，鼓泡流化床很容易实现固体热载体和煤颗粒的均匀混合，且固体传热效率远远大于气体传热。鼓泡流化床的外部对流传热系数可以高达 356W/(m²·s)，而固定床床层对煤颗粒的对流传热系数仅约为 10～100W/(m²·K)[15]。因此，在鼓泡流化床中低阶煤的颗粒表面会快速升温。从图 2-9（a）可以看出，由于颗粒内部存在传热阻力，因此，在颗粒的径向位置上存在明显的温度梯度，整个煤颗粒达到环境温度大约需要 10s，而整个煤颗粒完全热解需要约 6.2s，见图 2-9（b）。从图 2-9（a）可以看出，刚开始时，由于表面温度与环境温度温差

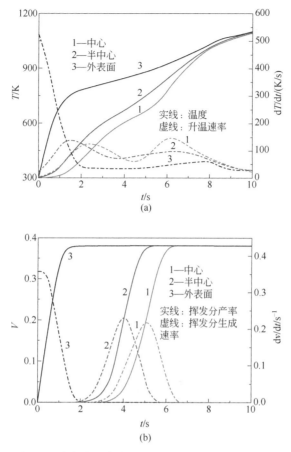

图 2-9　鼓泡流化床中 3mm 单颗粒煤热解模拟结果
（a）中心，半中心和颗粒外表面处的温度变化及温度速率变化曲线；
（b）中心，半中心和颗粒外表面处挥发分生成及生成速率曲线

大，因此，煤颗粒表面温度在刚开始时会迅速升温，升温速率最高时可以达到 525K/s，之后随着温差的减小，升温速率也在降低。而煤颗粒的中间层及颗粒中心在经过一段时间后才开始升温，颗粒中心和表面的内外温差最大可达 423K。颗粒半中心、颗粒中心与颗粒外表面由于所处的环境不同导致其升温速率曲线与颗粒表面的趋势也大不一样，但颗粒内部各处的升温速率曲线比较相似。颗粒内部的升温速率在加热阶段会持续升高，在达到最大值 142K/s（颗粒半中心）和 125K/s（颗粒中心）后，由于反应的强吸热过程影响，升温速率逐渐降低。之后，反应结束，升温速率又开始增大，出现第二个峰值。以上现象归因于颗粒表面与颗粒内

部传热方式完全不同。当进入流化床后，煤颗粒表面与外界高温环境直接接触，由于外部对流传热及颗粒之间的碰撞传热，颗粒表面快速升温。而颗粒内部温度的升高主要取决于煤颗粒的物理属性、煤颗粒的热容和导热系数。以上分析结果表明：对于大的煤颗粒，在流化床中将其假设为一个等温体是不合理的。

由于煤颗粒径向位置上存在明显的温差，导致煤颗粒内的热解反应在不同位置、不同时间时也是不一样的，结果见图 2-9（b）。从图中可以看出：颗粒表面完全热解仅需要 2s，而颗粒半中心层和颗粒中心分别在经过 2s 和 3s 后热解反应才开始发生，存在明显的差别。煤颗粒 3 个不同径向位置上的挥发分生成速率曲线均呈凸起形状，但最大峰值对应的时间是不一样的，说明单颗粒煤内部不同区域发生热解反应的时间不同，呈现从外到内再到中心逐渐完成热解的趋势，存在一个逐渐移动的反应前沿，即是按缩核反应模型进行，见图 2-10。另外，从图 2-9（b）可以看出，直径为 3mm 的内蒙古兴和煤在 900℃ 鼓泡流化床中完全热解需要约 6.2s。煤颗粒完全热解时间的确定对于反应器的设计及操作条件的优化至关重要。

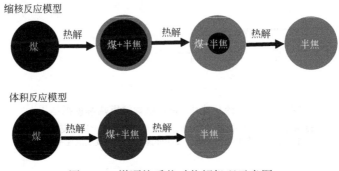

图 2-10　煤颗粒受热时热解机理示意图

2.3.5.3　颗粒尺寸对热解历程的影响

图 2-11 给出了 0.3mm 煤颗粒颗粒中心和颗粒外表面的温度变化及完全热解所需要的时间，并与 3mm 煤颗粒热解的过程进行了对比研究。结果表明：随着颗粒尺寸的减小，内蒙古兴和煤颗粒达到环境温度和完全热解需要的时间明显缩短。对于 3mm 煤颗粒，如上所述，需要 10s 才能达到环境温度，并且存在高于 300℃ 的温差［见图 2-9（a）］。相反，对于 0.3mm 的粉煤，颗粒中心和颗粒表面

基本上就不存在温差，仅需要 0.8s 就可达到环境温度，热解反应按体积反应模型进行（见图 2-9）。因此，将粉煤看作是等温的煤颗粒是合理的，但对于大的煤颗粒必须考虑传热对反应的影响。

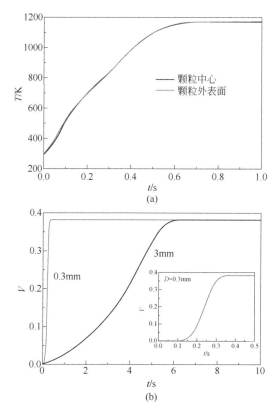

图 2-11　（a）粒径为 0.3mm 煤颗粒颗粒中心与颗粒外表面处温度变化曲线；
（b）不同粒径煤颗粒完全热解所需时间

从图 2-11（b）可以看出，不同煤颗粒完全热解所需要的时间差别很大。对于 0.3mm 煤颗粒完全热解仅需要 0.35s，而随着颗粒尺寸的增大，颗粒内外温差也在增大，导致完全热解的时间延长，因此，对于 3mm 煤颗粒需要 6.2s 才能热解完成。总之，颗粒尺寸对低阶煤热解影响显著，颗粒越小，升温越快，热解所需要的时间越短，但由于粉煤前处理困难且与焦油难分离，易堵塞管道；而大颗粒需要长的停留时间，耗能大。故根据实际情况选择适当的颗粒粒径对于该煤种的工业化应用意义重大[33]。

参考文献

[1] Sharma R, May J, Alobaid F, et al. Euler-Euler CFD simulation of the fuel reactor of a 1MWth chemical-looping pilot plant: Influence of the drag models and specularity coefficient[J]. Fuel, 2017, 200: 435-446.

[2] Klimanek A, Adamczyk W, Katelbach-Woźniak A, et al. Towards a hybrid Eulerian-Lagrangian CFD modeling of coal gasification in a circulating fluidized bed reactor[J]. Fuel, 2015, 152: 131-137.

[3] Shu Z, Fan C, Li S, et al. Multifluid modeling of coal pyrolysis in a downer reactor[J]. Industrial & Engineering Chemistry Research, 2016, 55(9): 2634-2645.

[4] Soria-Verdugo A, Garcia-Gutierrez L M, Blanco-Cano L, et al. Evaluating the accuracy of the Distributed Activation Energy Model for biomass devolatilization curves obtained at high heating rates[J]. Energy Conversion and Management, 2014, 86: 1045-1049.

[5] Li Z, Liu C, Chen Z, et al. Analysis of coals and biomass pyrolysis using the distributed activation energy model[J]. Bioresource technology, 2009, 100(2): 948-952.

[6] Soria-Verdugo A, Garcia-Hernando N, Garcia-Gutierrez L M, et al. Analysis of biomass and sewage sludge devolatilization using the distributed activation energy model[J]. Energy conversion and management, 2013, 65: 239-244.

[7] Bhavanam A, Sastry R C. Kinetic study of solid waste pyrolysis using distributed activation energy model[J]. Bioresource technology, 2015, 178: 126-131.

[8] De Filippis P, De Caprariis B, Scarsella M, et al. Double distribution activation energy model as suitable tool in explaining biomass and coal pyrolysis behavior[J]. Energies, 2015, 8(3): 1730-1744.

[9] Miura K, Maki T. A simple method for estimating $f(E)$ and $k_0(E)$ in the distributed activation energy model[J]. Energy & Fuels, 1998, 12(5): 864-869.

[10] Jain A A, Mehra A, Ranade V V. Processing of TGA data: Analysis of isoconversional and model fitting methods[J]. Fuel, 2016, 165: 490-498.

[11] Czajka K, Kisiela A, Moroń W, et al. Pyrolysis of solid fuels: Thermochemical behaviour, kinetics and compensation effect[J]. Fuel Processing Technology, 2016, 142: 42-53.

[12] Holstein A, Bassilakis R, Wójtowicz M A, et al. Kinetics of methane and tar evolution during coal pyrolysis[J]. Proceedings of the Combustion Institute, 2005, 30(2): 2177-2185.

[13] Cai J, Liu R. New distributed activation energy model: numerical solution and application to pyrolysis kinetics of some types of biomass[J]. Bioresource Technology, 2008, 99(8): 2795-2799.

[14] Fiori L, Valbusa M, Lorenzi D, et al. Modeling of the devolatilization kinetics during pyrolysis of grape residues[J]. Bioresource technology, 2012, 103(1): 389-397.

[15] 杨翠广. 颗粒煤拔头工艺的基础研究[D]. 北京: 中国科学院过程工程研究所, 2013.

[16] Yang C, Li S, Song W, et al. Pyrolysis behavior of large coal particles in a lab-scale bubbling fluidized bed[J]. Energy & Fuels, 2012, 27(1): 126-132.

[17] Warnecke R. Gasification of biomass: comparison of fixed bed and fluidized bed gasifier[J]. Biomass and bioenergy, 2000, 18(6): 489-497.

[18] Pielsticker S, Gövert B, Kreitzberg T, et al. Simultaneous investigation into the yields of 22 pyrolysis gases from coal and biomass in a small-scale fluidized bed reactor[J]. Fuel, 2017, 190: 420-434.

[19] Butala S J M, Medina J C, Taylor T Q, et al. Mechanisms and kinetics of reactions leading to natural gas formation during coal maturation[J]. Energy & fuels, 2000, 14(2): 235-259.

[20] Mae K, Maki T, Miura K. A new method for estimating the cross-linking reaction during the pyrolysis of brown coal[J]. Journal of chemical engineering of Japan, 2002, 35(8): 778-785.

[21] Porada S. The reactions of formation of selected gas products during coal pyrolysis[J]. Fuel, 2004, 83(9): 1191-1196.

[22] Van Heek K H, Hodek W. Structure and pyrolysis behaviour of different coals and relevant model substances[J]. Fuel, 1994, 73(6): 886-896.

[23] 李美芬. 低煤级煤热解模拟过程中主要气态产物的生成动力学及其机理的实验研究 [D]. 太原: 太原理工大学, 2009.

[24] Wu W, Cai J, Liu R. Isoconversional kinetic analysis of distributed activation energy model processes for pyrolysis of solid fuels[J]. Industrial & Engineering Chemistry Research, 2013, 52(40): 14376-14383.

[25] Cai J, Ji L. Pattern search method for determination of DAEM kinetic parameters from nonisothermal TGA data of biomass[J]. Journal of Mathematical Chemistry, 2007, 42(3): 547-553.

[26] Adesanya B A, Pham H N. Mathematical modelling of devolatilization of large coal particles in a convective environment[J]. Fuel, 1995, 74(6): 896-902.

[27] Chern J S, Hayhurst A N. A model for the devolatilization of a coal particle sufficiently large to be controlled by heat transfer[J]. Combustion and Flame, 2006, 146(3): 553-571.

[28] Liu X, Wang G, Pan G, et al. Numerical analysis of heat transfer and volatile evolution of coal particle[J]. Fuel, 2013, 106: 667-673.

[29] Adesanya B A, Pham H N. Mathematical modelling of devolatilization of large coal particles in a convective environment[J]. Fuel, 1995, 74(6): 896-902.

[30] Mani T, Murugan P, Mahinpey N. Determination of distributed activation energy model kinetic parameters using simulated annealing optimization method for nonisothermal pyrolysis of lignin[J]. Industrial & Engineering Chemistry Research, 2008, 48(3): 1464-1467.

[31] Kirtania K, Bhattacharya S. Application of the distributed activation energy model to the kinetic study of pyrolysis of the fresh water algae Chlorococcum humicola[J]. Bioresource technology, 2012, 107: 476-481.

[32] Adesanya B A, Pham H N. Mathematical modelling of devolatilization of large coal particles in a convective environment[J]. Fuel, 1995, 74(6): 896-902.

[33] Wang J, Lian W, Li P, et al. Simulation of pyrolysis in low rank coal particle by using DAEM kinetics model: Reaction behavior and heat transfer[J]. Fuel, 2017, 207: 126-135.

第 3 章　低阶煤热解 3DAEM 动力学模型的建立

3.1　引言

3.2　热重实验及实验结果分析

3.3　3DAEM 模型的建立

3.1 引言

低阶煤热解反应的准确定量描述是单颗粒模拟和反应器多尺度模拟的关键。为了进一步提高低阶煤微观动力学的模拟精度，更加接近低阶煤热解的本质，本章进一步讨论了低阶煤热解微观动力学模型的研究。

如前所述，分布活化能反应模型能反映煤热解的复杂过程，且易于与之后的单颗粒模型及 CFD 模拟相结合，适用范围广，已被广泛应用于描述复杂物质的热解过程[1-5]。第二章使用的分布活化能反应模型为标准 DAEM，即假设在整个范围内发生的平行一级反应模型所对应的活化能是连续分布的，可以使用 1 个分布函数 $f(E)$ 对活化能进行描述。为了更准确地描述复杂物质的热解过程，Arenillas 等[6]指出煤的热解过程可以被分为 2 个阶段：低温时的主要热解阶段，此时，焦油和轻质气体大量放出；高温时的二次脱气阶段，此时，大分子发生聚合产生焦炭，同时放出气体。基于该思想，Caprariis 等[7]提出了 2 中心分布活化能模型（2DAEM），该模型认为煤的热解可被分为 2 个阶段，具有相同的指前因子，但两个阶段的活化能分布不同。模拟结果表明：相对于标准分布活化能，2DAEM 对煤的热解过程的描述更加精确。Jain 等[8]对目前使用的所有经验模型进行了对比，结果同样表明：2DAEM 对热重实验的描述更合适，并且能够描述不同升温速率下的热重曲线。Serio 等[9]指出煤的热解过程可以被分为 3 个阶段：第一阶段对应于弱键的断裂及吸附气体的析出；第二阶段为主要热解阶段，大量焦油和轻质气体放出；第三阶段为二次热解阶段，主要是剩余半焦发生交联反应二次脱气阶段。为了更准确地描述低阶煤的热解过程，基于以上理论，作者提出了 3DAEM 动力学反应模型。基于 4 种低阶煤的非等温热重曲线，通过对 TG 曲线进行二次微分和 DTG 曲线进行分峰拟合发现，对于低阶煤，将热解过程分为 3 个阶段是合理的、必要的，每个阶段都可以使用一个标准的 DAEM 模型来进行描述。研究结果表明该模型的精度明显高于目前提出的其它动力学模型。该模型的提出不仅大大提高了动力学模型对煤热解过程模拟的精度，模型的建立更接近于低阶煤热解的机理，而且该模型为低阶煤和生物质共热解动力学模型的建立提供了参考和思路。

3.2　热重实验及实验结果分析

3.2.1　煤样的工业分析和元素分析

实验用煤分别为内蒙古兴和煤（NMXH）、小龙潭煤（XLT）、先锋煤（XF）和枣庄煤（ZZ）。其中内蒙古兴和煤来自内蒙古兴和县；小龙潭褐煤由云南省小龙潭矿务局小龙潭露天矿提供；先锋煤由云南先锋露天煤矿提供；枣庄煤由山东滨湖煤矿提供。为了排除传热传质对煤热解过程的影响，实验前均利用颚式破碎机将各种煤样粉碎至 200 目以下，并置于真空干燥箱中在 105℃下干燥 10h。实验所选四种煤样的工业分析、元素分析见表 3-1。

表 3-1　实验使用煤样的工业分析和元素分析

项目	工业分析（质量分数）/%				元素分析（质量分数）/%				
	M_{ad}	A_d	V_{daf}	FC_d	C_d	H_d	O_d	N_d	S_d
小龙潭煤	11.16	10.57	51.28	43.57	60.99	4.28	21.43	1.63	1.10
先锋煤	18.26	6.17	51.25	45.74	66.72	4.72	19.40	2.10	0.88
内蒙古兴和煤	11.43	11.90	46.53	47.10	60.91	4.01	18.11	0.91	4.15
枣庄煤	2.06	41.60	45.39	31.90	44.27	3.57	7.35	0.88	2.33

注：1. M_{ad} 为空气干燥基下的水分含量；A_d 为干燥基下的灰分含量；V_{daf} 为干燥无灰基下的挥发分含量；FC_d 为干燥基下的固定碳含量。

2. 元素分析包括 C、H、O、N 和 S 五种元素，下标 d 表示是煤样在干燥基状态下所测得的元素分析结果。

从表 3-1 可以看出，所选用的低阶煤含有大量的挥发分，含量在 45.39%～51.28% 之间，挥发分含量依次为：XLT＜XF＜NMXH＜ZZ，该挥发分含量的顺序与元素分析中的氧含量是一致的。通过元素分析，我们可以看出，除枣庄煤外，其它三种煤样的氧含量均高于 18.00%，枣庄煤中较低的氧含量（7.35%）表明，相对于以上三种煤，枣庄煤的煤阶较高，反应性会较差。另外，我们注意到，枣庄煤中灰含量显著高于其它三种煤，高达 41.60%，属于高挥发分性高灰煤（A_d＞40%）。

3.2.2　热重实验结果分析

3.2.2.1　热重实验

非等温热重实验是在型号为 Netzsch No. SW-STA-692.F5 的热重分析仪上进行。每次样品用量为 10mg，压力为常压，以流量为 100mL/min 的 Ar 作为载气，实验前先使用惰性气体吹扫 30min 赶走热重内部及样品内部的空气，保证惰性气氛。之后以 10℃/min 的升温速率从室温升至 110℃，并保持 30min 以除去样品中含有的水分。之后以 10℃/min 从 110℃ 升温至 900℃，并在终温下保持 20min 保证热解完全。最后，使用含 10% O_2 的 Ar 作为载气进行剩余半焦的燃烧并保持 30min。针对每次实验条件的不同，实验前均使用空白坩埚做空白实验以得到实验基线，并对煤样热解实验的失重曲线做基线校正。具体升温程序见图 3-1。

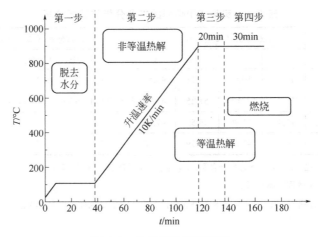

图 3-1　热重实验升温程序

3.2.2.2　TG、DTG 和 DDTG 分析

图 3-2 为 4 种煤样在 110～900℃ 范围内的 TG/DTG 曲线，表 3-2 和表 3-3 为 4 种煤样热解过程对应的特征参数。

从图 3-2 可以看出，四种煤样的 TG 和 DTG 曲线具有相似的趋势。但是由于煤样的不同，仍然存在明显的差异。从表 3-2 可以看到，在脱挥发分的主要阶段（阶段 2），四种煤样的初始分解温度与它们的含氧量是一致的。小龙潭煤样表现

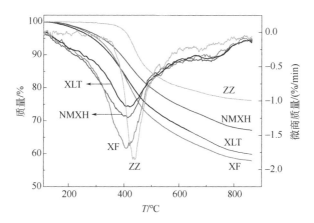

图 3-2　110～900℃范围内四种煤样的热重实验结果

表 3-2　110～900℃范围内四种煤样在不同阶段对应的特征参数

	阶段 1			阶段 2			阶段 3		
	T_i/℃	T_f/℃	MLP/%	T_i/℃	T_f/℃	MLP/%	T_i/℃	T_f/℃	MLP/%
XLT	—	247.26	7.87	247.26	572.26	72.79	572.26	—	19.34
XF	—	226.92	4.12	226.92	609.42	82.83	609.42	—	13.05
NMXH	—	231.95	5.39	231.95	607.40	77.10	607.40	—	17.51
ZZ	—	335.48	2.80	335.48	538.70	70.16	538.70	—	27.04

注：T_i 指初始热解温度；T_f 指终温；MLP 指失重率。

表 3-3　110～900℃范围内四种煤样的特征参数

	T_{max}[①]/℃	DTG_{max}[②]/(%/min)	失重率[③]/%
XLT	407.20	−1.22	37.34
XF	411.00	−1.61	40.25
NMXH	415.00	−0.98	31.00
ZZ	435.70	−1.80	23.90

① T_{max} 指最大失重速率对应的温度；

② DTG_{max} 指最大失重速率；

③ 失重指主要阶段的质量损失。

出较早的初始分解温度 T_i（247.26℃），而枣庄煤样的初始分解温度最晚，直到 335.48℃分解反应才明显发生。这是由于枣庄煤的含氧量明显小于其它煤样，仅为 7.35%，煤大分子结构的键能较强，分解所需的温度较高，反应性较差。T_{max} 常被用作衡量物质反应性强弱的依据[10,11]。从表 3-3 可以看到，四种煤样的 T_{max}

顺序为 XLT＜XF＜NMXH＜ZZ，该顺序与煤样中挥发分的含量及元素分析中的氧含量是一致的。

图 3-3 为 110～900℃范围内四种煤样热解的热重曲线（TG）、微分热重曲线（DTG）和二次微分热重曲线（DDTG）。从图 3-3 中可以看到，无论何种低阶煤，TG 曲线斜率的变化以及 DTG 曲线的形状，即一个肩峰、一个主峰及最后的拖尾峰，都表明低阶煤的热解过程可以分为 3 个阶段。通过二次微分曲线 DDTG 将 4 种煤样的热解过程分为了三个阶段：第一阶段为从开始到 TG 曲线上斜率明显发生变化的那一刻，此时 DTG 曲线上出现肩峰，DDTG 曲线明显发生变化；第二阶段为主要失重阶段，直到 d^2m/dT^2 的值不再发生变化或变化很小时结束，该阶段二次微分曲线 DDTG 呈现正弦曲线形状；剩余部分为第三阶段，此时 TG 曲线斜率变小，对应于 DTG 曲线上的拖尾峰，主要发生剩余半焦的交联反应。表 3-2 给出了每个阶段对应的开始温度（T_i）和结束温度（T_f）。

在第一阶段，TG 曲线斜率的变化很小，此时低阶煤的热解反应刚刚开始，煤种较弱的化学键开始断裂，主要对应于键合水的去除和羧酸基的分解[12]。对于所有煤样，第一阶段的失重率都很小（MLP＜10%）。特别地，对于枣庄煤，在第一阶段，TG 和 DTG 曲线基本看不到变化，失重率特别小，从表 3-2 可以看到 MLP 仅为 2.8%，这是由于枣庄煤含氧官能团少，弱键含量较少。在第二阶段，从图 3-3 可以看到，TG 曲线的斜率明显增大，变化显著。我们注意到，在第一阶段热分解反应结束前，第二阶段煤的热解反应已经开始发生，两个阶段煤的热解反应发生重叠导致 DTG 曲线出现了一个明显的肩峰。在该阶段，正如从 TG 曲线斜率的变化看到的一样，进入了煤的主要热解阶段，大量的焦油和轻质气体生成，失重明显。此时发生的化学反应主要是煤中 C、O、N 和 S 等原子之间化学键发生断裂，煤的大分子结构被破坏，分子量小以轻质气体形式放出，分子量大的结构则形成焦油[12]。该阶段，TG 曲线斜率变化最大，失重率也最多，从表 3-2 可以看出，第二阶段四种煤样的 MLP 值是三个阶段中最大的，大约在 70.16%～82.83%范围内。之后进入缓慢分解的第三个阶段，此时，曲线变的较平缓，主要为煤中碳酸盐分解生成二氧化碳和半焦中芳香环的缩合反应放出氢气，反应结束。从表 3-2 可以看出，由于四种煤样的化学键含量不同，故热解反应性存在差异，每种煤样每个阶段的初始分解温度和结束温度也不一样，即结构决定性质，不同煤样反应性是不同的。

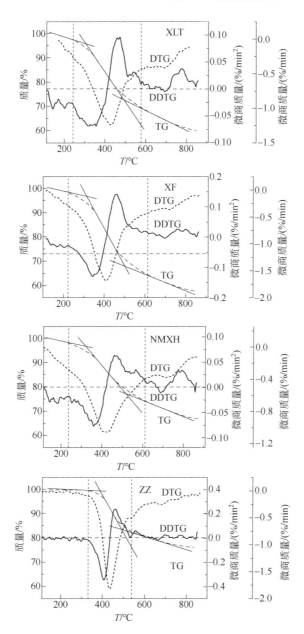

图 3-3　在 110～900℃范围内四种煤样的 TG、DTG 和 DDTG 分析

3.2.2.3　DTG 曲线的分峰拟合

基于以上对四种煤样热解过程的分析可以看到，煤的热解过程可以被分为 3

个阶段。因此，我们使用了 PeakFit❶分峰拟合软件对四种煤样的 DTG 曲线进行了 3 峰拟合。图 3-4 给出了四种煤样的 DTG 三峰拟合结果。表 3-4 给出了 3 峰拟合后对应的各参数值。

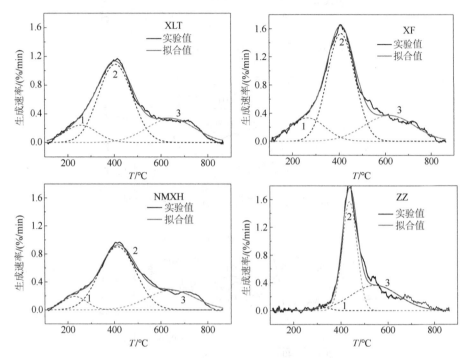

图 3-4　四种煤样 DTG 曲线 3 峰拟合结果

表 3-4　四种煤样 DTG 曲线 3 峰拟合结果

项目	XLT			XF			NMXH			ZZ		
	T_p/℃	FWHM/℃	PA/%	T_p/℃	FWHM/℃	PA/%	T_p/℃	FWHM/℃	PA/%	T_p/℃	FWHM/℃	PA/%
峰 1	255.90	163.16	13.00	263.86	177.62	16.09	234.94	128.06	9.72	326.99	65.70	1.43
峰 2	404.78	170.66	60.60	409.12	140.45	58.44	414.63	180.38	63.89	437.18	73.34	56.30
峰 3	642.01	241.14	26.40	617.04	254.73	25.48	645.27	265.75	26.40	544.06	237.28	42.27
R^2		0.992			0.994			0.986			0.987	

注：T_p 指峰值对应的温度；FWHM 指半峰宽；PA 指峰面积；R^2 指拟合相关系数，R^2 越接近 1，吻合程度越高。

---

❶ PeakFit 是一个功能强大的分峰拟合峰值分析软件，可全方面地对数据进行拟合分析。

为了与 3 峰拟合进行比较，对四种煤样的 DTG 曲线同样进行了 2 峰拟合，拟合结果见图 3-5 和表 3-5。

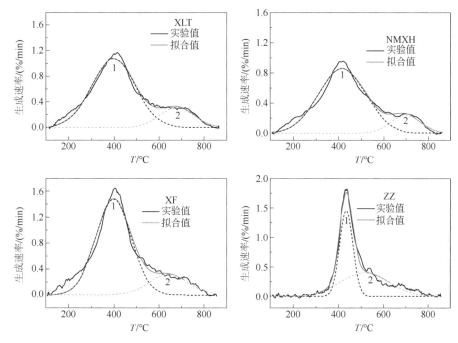

图 3-5 四种煤样 DTG 曲线 2 峰拟合结果

表 3-5 四种煤样 DTG 曲线 2 峰拟合结果

项目	XLT			XF			NMXH			ZZ		
	T_p/℃	FWHM /℃	PA/%	T_p/℃	FWHM /℃	PA/%	T_p/℃	FWHM /℃	PA/%	T_p/℃	FWHM /℃	PA/%
峰 1	397.99	228.45	81.42	402.20	187.58	80.45	418.00	247.59	84.81	437.18	69.94	49.33
峰 2	678.94	178.72	18.58	650.15	208.86	19.55	699.63	160.47	15.19	519.62	259.60	50.67
R^2	0.970			0.966			0.969			0.987		

注：T_p 指峰值对应的温度；FWHM 指半峰宽；PA 指峰面积；R^2 指拟合相关系数。

如表 3-4 所示，四种煤样，通过 3 峰拟合可以很好地描述煤的 DTG 曲线，相关系数 R^2 均大于 0.98。从图 3-5 拟合结果和表 3-5 中的拟合系数可以看出，除枣庄煤外，小龙潭、先锋和内蒙古兴和煤使用 2 峰拟合效果都明显差于 3 峰拟合。这个结果表明，对于含氧量较高的低阶煤最少需要 3 个峰进行拟合才能很好地描述煤的热解过程；而枣庄煤含氧量少，第一阶段煤的失重量很少（图 3-2），使用 2 峰对该煤进行拟合同样可以达到 3 峰拟合的精度。

对煤热解的 DTG 曲线进行分峰拟合后会产生 4 个参数（表 3-4），其中 T_p 表示每个峰对应的峰值温度，FWHM 表示每个峰的半峰宽度，PA 表示每个峰峰面积的百分数，R^2 为拟合相关系数。不同煤样的上述 4 个参数是不相同的。这些参数同样可以反映出该煤种的结构信息。如表 3-4 所示，除枣庄煤外，所有煤种的峰 1 对应的温度均小于 300℃。峰 1 是由于低阶煤中弱键的断裂引起的。枣庄煤具有高的峰值温度，小的半峰宽度和低的峰面积值（仅为 1.43%），说明该煤种弱键含量少，反应性差。该结果与煤的工业分析和元素分析是一致的。在煤热解的主要阶段的第二阶段，四种煤样峰 2 对应的峰值温度顺序为：ZZ＞NMXH＞XF＞XLT，该结果与表 3-3 中的 T_{max} 顺序是一致的。从表 3-4 中峰 2 对应的峰面积百分含量可以看到，在该阶段，大量挥发分放出，煤的失重明显。如前所述，峰 3 对应于高温时剩余固体半焦芳香环之间的二次聚合过程，H_2 和 CO_2 为该阶段主要的气体产物。

另外，对于不同煤种的三峰拟合得到的参数可以为下一步的动力学拟合过程提供参考：拟合所得到的峰面积百分数 PA 可以用于 3 分布活化能参数拟合过程中的权重 w 值，每个阶段对应的半峰宽 FWHA 可以作为标准偏差 σ_E 的参考值，每个阶段的峰值温度 T_p 值可以为平均活化能 E_0 提供参考。

3.3 3DAEM 模型的建立

3.3.1 3DAEM 数学模型

基于标准 DAEM，本文提出了 3 分布活化能反应模型（3DAEM），即认为煤的热解过程可以分为 3 个阶段，每个阶段都可以用一个标准的分布活化能模型描述。

标准分布活化能模型的数学表达式为：

$$\alpha(T) = \int_0^\infty \left\{ 1 - \exp\left[-\frac{k_0}{\beta} \int_0^T \exp\left(-\frac{E}{RT} \right) dT \right] \right\} f(E) dE \tag{3-1}$$

若假设活化能呈高斯分布，即：

$$f(E) = \frac{1}{\sigma\sqrt{2\pi}}\exp\left[-\frac{(E-E_0)^2}{2\sigma^2}\right] \tag{3-2}$$

若假设 3 个阶段具有相同的指前因子，则 3DAEM 可以用式（3-3）、式（3-4）进行描述：

$$1-\alpha = \int_0^\infty \exp\left[-\frac{k_0}{\beta}\int_0^T \exp\left(-\frac{E}{RT}\right)dT\right] \times [w_1 f_1(E) + w_2 f_2(E) + (1-w_1-w_2)f_3(E)]dE \tag{3-3}$$

$$f_i(E) = \frac{1}{\sigma_{Ei}\sqrt{2\pi}}\exp\left[\frac{-(E-E_{0i})^2}{2\sigma_{Ei}^2}\right] \tag{3-4}$$

式中，i（i = 1, 2, 3）代表热解的第 i 个阶段；w_i 表示在第 i 个阶段挥发分释放的比值，取值为 0～1。

3DAEM 一共有 8 个未知参数，包括 3 个平均活化能（E_{01}，E_{02} 和 E_{03}），3 个标准偏差（σ_{E1}，σ_{E2} 和 σ_{E3}）和 2 个权重值（w_1 和 w_2）。

3.3.2　模型求解方法

国际热分析及量热学联合会（ICTAC）指出使用原始数据 TG 曲线进行动力学参数拟合比使用 DTG 曲线更加精确，因此，建议之后的动力学参数拟合应该使用 TG 曲线。鉴于此，本章进行的数据拟合同样是基于 TG 曲线进行的。针对分布活化能模型，Miura 和 Maki[13]提出的等转化率方法仅适用于标准分布活化能反应模型。关于 3DAEM 模型中动力学参数的求解目前只能使用模型拟合的方法进行。

在模型拟合过程中，式（3-3）中的温度积分是该模型拟合的一个难点。Órfão[14]对该温度积分的方法进行了综述比较。本章使用文献[15]中的方法进行积分，积分式如下：

$$\int_0^t k_0 \exp\left(-\frac{E}{RT}\right)dt \cong \frac{k_0 RT^2}{E\beta}\exp\left(-\frac{E}{RT}\right) \tag{3-5}$$

将式（3-5）与式（3-3）相结合，得到：

$$1-\alpha = \int_0^\infty \exp\left[\left(\frac{-k_0 RT^2}{E\beta}\right)\exp\left(-\frac{E}{RT}\right)\right]f(E)dE \tag{3-6}$$

式中，α 为归一化后的转化率；$1-\alpha$ 为没有转化的固体分数。

采用模拟搜索法（PS）对 3DAEM 动力学模型中的参数进行求解，目标函数如下：

$$S = \sum_{i=1}^{n_d} [\alpha_{\exp,i} - \alpha_{cal,i}]^2 \tag{3-7}$$

式中，n_d 代表数据点的个数；$\alpha_{\exp,i}$ 代表转化率的实验值；$\alpha_{cal,i}$ 代表基于初值和式（3-6）计算得到的计算值。

3.3.3　3DAEM 动力学分析

以上对热解过程热重曲线的分析和分峰拟合结果均表明，低阶煤的热解过程分为 3 个阶段是合理的，更能精确描述低阶煤的整个热解过程。根据式（3-4）和式（3-6）可以看出，一共有 9 个未知参数需要确定，分别为 3 个平均活化能 E_{0i}，3 个标准偏差 σ_{Ei} 和 3 个权重值 w_i，其中 $i = 1, 2, 3$。由于 w_i 之和为 1，因此动力学参数减小为 8 个拟合参数。k_0 和 E 存在显著的"补偿效应"[11,16]，即对于同一组实验数据，存在很多组不同的 k_0 和 E 都可以拟合得出同一结果。Czajka 等[11]对指前因子和活化能的关系及对模拟结果的影响进行了详细的研究。结果表明，对于所研究的煤样，使用不同的 k_0 值所得到的 E_0 是显著不同的，因此很难反应该煤样本身的特性。但如果各煤种均使用固定的 k_0 值则所获得的动力学参数可以反映出煤样的性质，具有可比性。因此本章中的四种煤样均选用了与该煤样相似煤样的 k_0 值来进行模拟[7]，为了简化模型，认为每个煤样在不同的三个阶段具有相同的指前因子。

模型拟合过程中活化能 E_0 的初值可以参考表 3-4 中每个阶段对应的峰值温度及文献中该峰值温度对应的键能[10]进行确定；标准偏差 σ_E 初值的确定及调整可以参考 DTG 曲线三峰拟合结果中的半峰宽值进行；权重值 w_i（$i = 1, 2$）初值的选取则可以参考 3 峰拟合得到的峰面积值。通过模型拟合后得到的动力学参数总结见表 3-6。使用所得到的动力学数据模拟四种低阶煤的失重过程并与实验值对比，结果见图 3-6。

为了与 3DAEM 模型模拟结果进行对比，使用同样的方法所得 2DAEM 动力学参数见表 3-7。表 3-8 给出了使用两种不同模型拟合后所得到的残差平方和。

表 3-6　四种煤样 3DAEM 动力学参数

阶段	参数	XLT	XF	NMXH	ZZ
阶段 1、2、3	k_0/(1/s)	$5×10^{11}$			
阶段 1	E_{01}/(kJ/mol)	142.25	143.00	145.00	178.00
	σ_{E1}/(kJ/mol)	18.00	19.85	18.90	9.00
	w_1	0.15	0.11	0.14	0.02
阶段 2	E_{02}/(kJ/mol)	180.55	182.00	189.55	192.60
	σ_{E2}/(kJ/mol)	17.50	17.50	20.50	10.50
	w_2	0.51	0.61	0.56	0.61
阶段 3	E_{03}/(kJ/mol)	248.25	247.50	253.55	240.50
	σ_{E3}/(kJ/mol)	28.50	28.5	30.10	33.50
	w_3	0.34	0.28	0.30	0.37

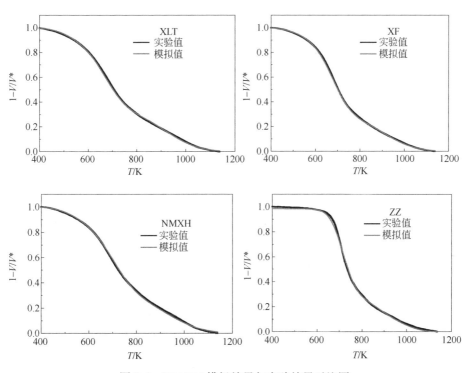

图 3-6　3DAEM 模拟结果与实验结果对比图

表 3-7　四种煤样 2DAEM 动力学参数

阶段	参数	XLT	XF	NMXH	ZZ
	$k_0/(1/s)$	5×10^{11}			
阶段 1	$E_{01}/(kJ/mol)$	180.05	184.49	184.40	192.60
	$\sigma_{E1}/(kJ/mol)$	29.95	28.68	29.68	10.50
	w_1	0.77	0.84	0.78	0.63
阶段 2	$E_{02}/(kJ/mol)$	260.80	268.50	267.50	240.50
	$\sigma_{E2}/(kJ/mol)$	24.50	21.50	20.50	33.50
	w_2	0.23	0.16	0.22	0.37

表 3-8　两种动力学模型模拟精度对比结果

	XLT	XF	NMXH	ZZ
2DAEM	8.01×10^{-5}	13.22×10^{-5}	7.69×10^{-5}	14.80×10^{-5}
3DAEM	4.62×10^{-5}	4.16×10^{-5}	4.84×10^{-5}	13.93×10^{-5}
χ^2(2-DAEM)/χ^2(3-DAEM)	1.73	3.18	1.59	1.06

注：χ^2 为残差平方和。

通过图 3-6 和表 3-8 可以看出，3DAEM 反应动力学模型大大提高了 DAEM 模型描述低阶煤热解的精度。对于小龙潭、枣庄、内蒙古兴和煤等含氧量高、挥发分含量高的低阶煤使用 3DAEM 明显优于 2DAEM 模型。对于枣庄煤，使用 3DAEM 模型拟合结果的残差平方和与使用 2DAEM 模型拟合结果十分相似，该现象与使用分峰拟合软件对 DTG 曲线分峰拟合结果是一致的。以上结果表明，使用 3DAEM 可以对所有低阶煤的热解过程进行精确描述，大大提高了模拟精度。

Várhegyi[17]指出固态反应活化能的范围是 50～350kJ/mol，表明以上对于 4 种煤样的模拟结果是合理的。如表 3-6 所示：在第一阶段，小龙潭，先锋和内蒙古兴和煤的平均活化能 E_{01}、标准偏差 σ_{E1} 和权重 w_1 是比较相似的。相反，枣庄煤的平均活化能 E_{01} 明显大于以上三种煤样，平均活化能为 178.00kJ/mol，同时具有窄的标准活化能分布，仅为 9.00kJ/mol；另外，该煤种第一阶段的权重值仅为 0.02，即对总挥发分的贡献很小。以上动力学参数反映出枣庄煤活性低，弱键含量少，相对于以上三种煤样需要的活化能高。这决定了该煤样初始分解温度 T_i 较高，直到 335.48℃时热解反应才明显发生，在第一阶段的失重率 MLP 值很小，见表 3-2。图 3-7 为基于 3DAEM 模型得到的四种煤样的活化能分布形状 $f(E)$，从图中同样可以看到枣庄煤样与其它三种煤样的明显不同之处。

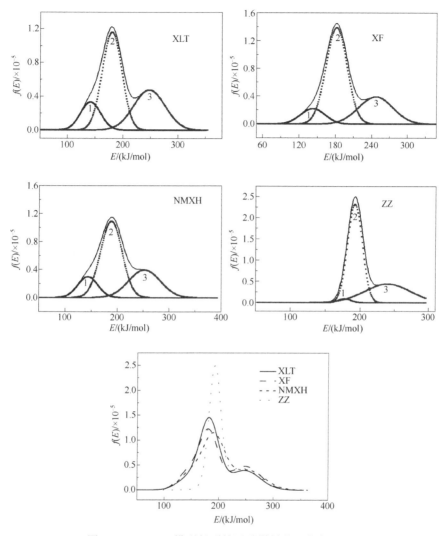

图 3-7　3DAEM 模型得到的四种煤样的活化能分布

四种煤样 $f(E)$ 最大峰值对应的活化能顺序为：ZZ＞NMXH＞XF＞XLT，这与工业分析中挥发分含量及表 3-3 中的最大失重速率对应的峰温顺序是一致的。从图 3-7 和表 3-6 可以看到，四种煤样中，枣庄煤的标准偏差最小（$\sigma_{E2} = 10.5$kJ/mol），说明该煤样热解范围窄，活化能较集中，脱挥发分速率快，导致在第二阶段枣庄煤的 TG 斜率变化最大。四种煤样的权重值 w_2 均远远大于其它 2 个阶段，说明该阶段是低阶煤热解的主要阶段，有大量挥发分生成。在第 3 阶段，从图 3-7 和

表 3-6 可以看出，该阶段对应的平均活化能和标准偏差是最大的。高斯分布中参数 σ 越大，活化能分布 $f(E)$ 曲线越宽，热分解温度范围也越广。在最后一个阶段，煤的氢化芳香簇和脂肪族基团脱氢，焦炭缩合和交联需要更多的能量来激发[10]。

不同煤样活化能分布范围不同，这是由于煤是一种复杂的混合物，不同化学键在煤样中的含量不同，导致反应性存在很大差别。从图 3-7 可以看到，使用 3DAEM 模型得到的活化能分布 $f(E)$ 形状基本上与 DTG 曲线形状一致；$f(E)$ 峰值按照 XLT< XF<NMXH<ZZ 顺序向较高的活化能值移动，与 DTG 曲线中的峰值顺序一致。

为了验证该模型的有效性，使用模拟得到的动力学参数对另一升温速率下的失重曲线进行了预测并与实验数据做了对比，结果见图 3-8。如图 3-8 所示，本章所提出的 3DAEM 模型能很好地描述煤在不同升温速率下的整个热解过程，对于低阶煤热解的三个阶段均能很好地吻合。与图 2-3 中标准 DAEM 模型相比，预测精度大大提高[18]。

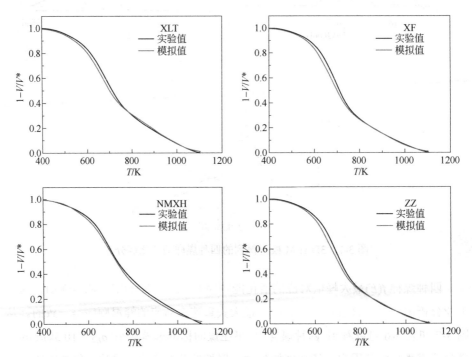

图 3-8　四种煤样在 30℃/min 升温速率下实验结果与模拟结果对比图

参考文献

[1] Soria-Verdugo A, Garcia-Gutierrez L M, Blanco-Cano L, et al. Evaluating the accuracy of the Distributed activation energy model for biomass devolatilization curves obtained at high heating rates[J]. Energy Conversion and Management, 2014, 86: 1045-1049.

[2] Li Z, Liu C, Chen Z, et al. Analysis of coals and biomass pyrolysis using the distributed activation energy model[J]. Bioresource technology, 2009, 100(2): 948-952.

[3] Soria-Verdugo A, Garcia-Hernando N, Garcia-Gutierrez L M, et al. Analysis of biomass and sewage sludge devolatilization using the distributed activation energy model[J]. Energy conversion and management, 2013, 65: 239-244.

[4] Bhavanam A, Sastry R C. Kinetic study of solid waste pyrolysis using distributed activation energy model[J]. Bioresource technology, 2015, 178: 126-131.

[5] De Filippis P, de Caprariis B, Scarsella M, et al. Double distribution activation energy model as suitable tool in explaining biomass and coal pyrolysis behavior[J]. Energies, 2015, 8(3): 1730-1744.

[6] Arenillas A, Rubiera F, Pevida C, et al. A comparison of different methods for predicting coal devolatilisation kinetics[J]. Journal of analytical and applied pyrolysis, 2001, 58: 685-701.

[7] De Caprariis B, De Filippis P, Herce C, et al. Double-Gaussian distributed activation energy model for coal devolatilization[J]. Energy & Fuels, 2012, 26(10): 6153-6159.

[8] Jain A A, Mehra A, Ranade V V. Processing of TGA data: Analysis of isoconversional and model fitting methods[J]. Fuel, 2016, 165: 490-498.

[9] Serio M A, Hamblen D G, Markham J R, et al. Kinetics of volatile product evolution in coal pyrolysis: experiment and theory[J]. Energy & Fuels, 1987, 1(2): 138-152.

[10] Branca C, Albano A, Di Blasi C. Critical evaluation of global mechanisms of wood devolatilization[J]. Thermochimica acta, 2005, 429(2): 133-141.

[11] Czajka K, Kisiela A, Moroń W, et al. Pyrolysis of solid fuels: Thermochemical behaviour, kinetics and compensation effect[J]. Fuel Processing Technology, 2016, 142: 42-53.

[12] Shi L, Liu Q, Guo X, et al. Pyrolysis behavior and bonding information of coal-a TGA study[J]. Fuel processing technology, 2013, 108: 125-132.

[13] Miura K, Maki T. A simple method for estimating $f(E)$ and $k_0(E)$ in the distributed activation energy model[J]. Energy & Fuels, 1998, 12(5): 864-869.

[14] Órfão J J M. Review and evaluation of the approximations to the temperature integral[J]. AIChE Journal, 2007, 53(11): 2905-2915.

[15] Niksa S, Lau C W. Global rates of devolatilization for various coal types[J]. Combustion and flame, 1993, 94(3): 293-307.

[16] Holstein A, Bassilakis R, Wójtowicz M A, et al. Kinetics of methane and tar evolution during coal pyrolysis[J]. Proceedings of the Combustion Institute, 2005, 30(2): 2177-2185.

[17] Várhegyi G, Bobály B, Jakab E, et al. Thermogravimetric study of biomass pyrolysis kinetics. A distributed activation energy model with prediction tests[J]. Energy & Fuels, 2010, 25(1): 24-32.

[18] Wang J, Li P, Liang L, et al. Kinetics modeling of low-rank coal pyrolysis based on a three-Gaussian distributed activation energy model (DAEM) reaction model[J]. Energy & Fuels, 2016, 30(11): 9693-9702.

第4章　低阶煤与生物质
共热解基础实验研究

4.1　引言

4.2　低阶煤与生物质共热解实验过程

4.3　生物质和煤热解的热重分析

4.4　共热解对热解产物分布的影响

4.1 引言

煤和生物质物理化学性质不同，热解动力学特征存在很大差异，近期已出现多篇关于生物质和煤共热解气化的研究报道[1-5]，但在共同转化利用过程中两者是否存在协同效应，研究者们的认识各不相同。热重分析具有样品用量少、速度快的优点，并能在测量温度范围内得到样品受热发生反应全过程的信息，是常用的研究手段之一。在研究生物质与煤共同转化利用之前，通过热重分析研究它们各自及其混合物的热解特性，得出热解过程中煤和生物质热解特性参数的变化规律及共热解的热解机理，考察共热解过程中的协同效应，可为寻求煤与生物质共同利用提供基础理论研究。

本章首先通过热重对两种低阶煤（内蒙古兴和、小龙潭）和三种比较常见的生物质（秸秆、向日葵秆、苹果树枝）的共热解过程进行了系统研究，探讨了生物质和煤共利用过程中存在协同效应的可能性及原因。之后，在热重实验基础上，利用固定床热解考察了生物质与煤共热解对气、液、固三相的影响，进一步验证了生物质与煤共热解过程中协同效应的存在依据。本章可以为低阶煤和生物质的共转化利用过程提供理论支撑及基础数据。

4.2 低阶煤与生物质共热解实验过程

4.2.1 实验原料

实验选用的生物质为较为常见的秸秆、向日葵和苹果树枝，均来自当地地区。选用的煤样内蒙古兴和煤和小龙潭煤为典型的低阶煤，其中内蒙古兴和煤来自内蒙古自治区兴和县，小龙潭煤由云南省小龙潭露天矿提供。

实验原料预处理如下：将所得生物质与煤置于干燥箱中，110℃下干燥 2h，之后将样品粉碎并通过筛分收集粒径<0.075mm 的样品，用于原料的工业分析（包括元素分析及热重分析）。另外通过筛分收集粒径在 0.5~1mm 的颗粒，110℃下

干燥一晚，然后置于干燥箱中备用，主要用于固定床热解实验。对于共热解过程，低阶煤与生物质按一定质量比通过物理混合的方式混合均匀后干燥，备用。

4.2.2　实验过程

本章中煤与生物质共热解实验主要分为两部分进行：首先，通过热重实验研究它们各自及其混合物的热解特性，得出热解特性参数变化规律；之后，通过固定床热解实验考察生物质与煤共热解对产物气、液、固三相的影响。

（1）热重实验

采用 DTG-60H 型热重分析仪（Shimadzu，Japan）对煤与生物质单独热解及煤与生物质混合热解进行实验研究。实验中所用坩埚为 Al_2O_3 坩埚，实验过程所用载气及天平保护气均为高纯氮气，流量为 50mL/min。

实验过程：将 10mg 左右样品置于 Al_2O_3 坩埚中，首先通入 N_2 30min，除去实验装置中的空气以提供惰性氛围；然后以一定的升温速率将样品由室温升至 110℃，并保持 30min 以除去试验样品中多余的水分；最后进一步以一定的升温速率将样品升温至终温 900℃，并在该温度下保持 20min 以保证样品热解完成。为了保证实验数据的准确性，每组相同实验至少做 2 次。

（2）固定床实验

煤与生物质共热解固定床实验装置见图 4-1。

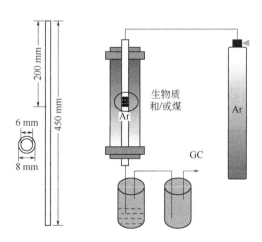

图 4-1　煤和/或生物质热解固定床装置图

固定床反应器使用的石英管内径 6mm，长 450mm，反应时由电热炉进行控温。实验所用样品质量为 1g，反应开始前通入 N_2 驱逐反应器内的空气，N_2 流量为 50mL/min；之后在 N_2 氛围下反应炉以 10℃/min 的升温速率从室温升至反应终温（450℃，500℃，550℃，600℃）并恒温 30min。热解液体产物（热解水和焦油）使用丙酮进行收集，为保证液体产物能够充分冷凝，装有一定体积丙酮的容器放于冰水浴中进行进一步冷凝，收集得到的液体产物使用气相色谱-质谱联用仪（GC-MS，QP2010，Shimadzu，Japan）进行组分测定。液体产物中的水分含量使用水分测定仪（MKS-500，KEM, Japan，using Karl-Fisher Titration method）检测。常温下不能冷凝的轻质气体产物（H_2、CO、CO_2、CH_4 等）通过干燥器进一步干燥后用气袋收集，使用气相色谱仪（GC-TCD，Agilent 7890A，U.S.）进行气体组分测定。剩余固体半焦质量通过称重得到。

判断煤和生物质共热解是否存在协同效应，可以通过将生物质与煤单独热解过程的数据进行加权计算，将实际热解曲线与理论计算曲线进行比较得出。理论加权平均值的计算方法如下：

$$C_{计算} = C_{biomass} \times Y_i + C_{coal} \times (1 - Y_i) \tag{4-1}$$

式中，$C_{biomass}$ 和 C_{coal} 为在相同热解条件下单独热解生物质和煤时热重实验测得的半焦含量，%；Y_i 为生物质在生物质与煤混合样品中的掺杂比例，%。

4.3 生物质和煤热解的热重分析

4.3.1 煤和生物质单独热解

结构决定性质[6]。植物性生物质主要由纤维素、半纤维素和木质素三种主要组分组成。不同的生物质三种组分的含量不同，灰分含量也存在很大差别。其中半纤维素是组分中最不稳定的成分，在 225～325℃时分解，268℃时可达到 80%。纤维素在 250℃时开始分解，随温度升高分解反应加剧，至 350～370℃时降解为低分子碎片，400℃时可达到 94.5%；木质素结构比前两者复杂得多，也是其中最稳定的组分，最难裂解，到 900℃时转化率只有 54.3%[7]。而煤是由生物质经过长

期的高温高压得到的，煤化程度越高，挥发分含量越少，大分子中的含氧官能团
也越少，芳香度越高[6]，因此煤的挥发分会明显少于生物质。不同煤种形成过程
中所处的环境不同，导致不同煤种在结构和组成成分上也存在很大差异。原料自
身物理化学性质的差异，会影响其热解时的过程特性和产物分布。图 4-2 为 2 种
低阶煤和 3 种不同生物质单独热解时的 TG 和 DTG 曲线。

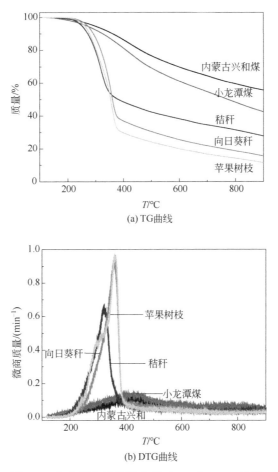

(a) TG曲线

(b) DTG曲线

图 4-2　生物质和煤单独热解时 TG 和 DTG 曲线

从图 4-2 可以看出，所有生物质样品的失重率都明显大于低阶煤，说明挥发
分高的物质更易热解，即生物质比煤更容易发生热解。与低阶煤相比，生物质热
解温度范围较窄，挥发分释放较快，5 种原料挥发分含量由高到低排序为：苹果

树枝>向日葵秆>秸秆>小龙潭煤>内蒙古兴和煤。从图 4-2（a）可以看出，生物质挥发分含量均大于 70%，其中半纤维素决定了热解反应开始的起始温度，纤维素含量决定着热解速率曲线中主热解峰的峰形及峰值大小，而生物质热解后剩余的半焦大部分都来自木质素。生物质在 200℃左右开始热解，随着温度的升高，失重量明显增高，出现快速失重阶段，在 400℃左右结束，之后进入缓慢失重阶段。从图 4-2（b），苹果树枝 DTG 曲线可以看出，DTG 曲线明显是由两个重叠峰和一个拖尾峰组成，其中重叠峰中的肩峰是由半纤维素产生。而重叠峰的主峰为纤维素热解峰，之后的拖尾峰由木质素热解产生。木质素组分复杂，难以分解，热解速度较慢，热解温度范围较大。其它两种生物质肩峰不明显，说明这两种生物质中含有的半纤维素含量较少。低阶煤热解同样可以分为三个阶段：第一阶段为慢速热分解阶段，此时热解反应刚刚开始，对应于低阶煤中键合水及羧酸基团的分解过程；第二阶段为快速热分解阶段，随温度的升高，TG 曲线斜率明显增加，此时低阶煤中的桥键大量断裂，轻质气体和焦油大量生成；第三阶段为剩余结构中芳香环进一步缓慢缩聚的过程，此时剩余半焦有序性增强，半焦芳香度增大。

另外，从 TG 和 DTG 曲线可以看出，5 种原料在 110～900℃之间都有一个快速失重温度段，对应挥发分的析出阶段，此时挥发分大量产生。表 4-1 给出了原料单独热解时最大失重率对应的温度。

表 4-1　实验原料最大失重率相关温度

原料	内蒙古兴和	小龙潭	秸秆	向日葵秆	苹果树枝
最大失重率对应温度（T_{max}）/℃	415.00	407.20	321.46	360.53	361.27
快速失重阶段终温（T_f）/℃	607.40	572.26	363.77	380.82	380.14

由表 4-1 可以看出，低阶煤发生热解时最大失重率对应的温度明显低于所有生物质，且低阶煤发生热解最为剧烈时对应的温度均远高于生物质，相差基本都在 50℃以上。其中秸秆最大热失重率所对应的温度为 321.46℃，低于内蒙古兴和煤的 415.00℃，二者差值可达约 100℃。另外，从快速失重阶段对应的终温可以看到，生物质在 380℃之前已基本热解完成，而此时煤快速热解还未达到最大失重阶段，可见生物质和煤热解过程存在明显差异。

4.3.2 煤和生物质共热解

从 4.3.1 节可以看到，生物质的快速热解阶段总是在低阶煤快速热解之前发生，且温度相差较大。因此，该部分主要通过调节共热解原料及共热解混合比例来详细研究生物质的加入是否会对低阶煤的热解过程产生一定的抑制或促进作用。图 4-3 为不同煤与不同生物质在不同掺杂比例条件下得到的 TG 图。图中同时给出了实验热重曲线和按照式（4-1）低阶煤与生物质混合比例计算得到的理论加权值。

生物质与煤共热解是否存在协同效应，与生物质原料及混合比例存在很大关系。如图 4-3（a）～（c）所示，对于内蒙古兴和煤，在相同的热解条件下，苹果树枝对于共热解过程的影响比秸秆和向日葵秆对共热解过程的影响显著得多；另外，从图中可以看到，在较低的温度（<400℃）下，生物质的添加对于共热解过程影响不大，但随着反应温度的进一步升高，不同的生物质及不同的混合比例导致共热解过程存在很大差别。对于秸秆和向日葵秆，除低阶煤/生物质为 1:1 时，生物质的添加对共热解过程有一定的促进作用外，其它比例下，生物质的加入对煤的热解基本没有任何影响，生物质与煤的共热解过程基本可以看作是两者热解过程的简单叠加。但是，对于苹果树枝，在不同的混合比例下，实验值均大于理论计算值，说明苹果树枝的加入对于低阶煤的热解具有明显的促进作用。分析原因，可能是苹果树枝中碱金属和碱土金属含量明显高于前两种生物质，在较高的温度下，生物质热解已基本完成，挥发分已基本挥发完成，此时，生物质剩余灰分中的碱金属和碱土金属作为催化剂促进了生物质和煤共热解剩余半焦的进一步热解过程，使共热解失重明显大于各组分单独热解时加权值的失重。另外，生物质对共热解过程的促进作用因混合比例的不同而不同。如图 4-3（c）所示，在内蒙古煤与苹果树枝混合比例为 2:1 时，两者在共热解过程中的协同效应最为明显，失重量最大。文献[8]中同样给出了相同的结论，即对于褐煤，当生物质占比为混合物的 20%～40%时，生物质中固有的 K^+、Na^+ 等碱金属具有的催化作用及 CaO 和 H 的促进作用会远远大于生物质软化作用对共热解的不利影响，从而共热解效果显著。但当生物质占比增大至 50%以上时，由于大量生物质的存在，其软

化与覆盖作用转为主导作用，会堵塞低阶煤的毛细管，抑制煤种挥发分的逸出和扩散传质过程，使共热解挥发分产率降低。

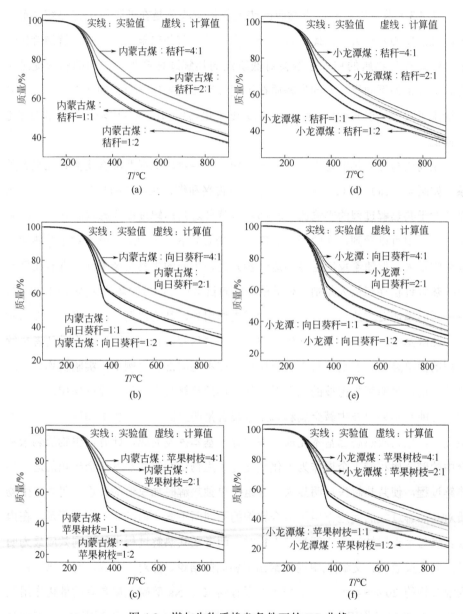

图 4-3　煤与生物质掺杂条件下的 TG 曲线

图 4-3（d）～（f）为小龙潭煤与不同生物质的共热解过程。可以看出，除小龙潭煤与苹果树枝混合比例为 1∶1 和 1∶2 存在轻微的协同效应外，生物质的加入均抑制了小龙潭煤中挥发分的生成。而且加入的生物质越少，抑制效果越明显，特别是向日葵秆的加入最为明显。这主要是因为在相对较低的温度下，生物质会出现不同程度的软化、变形，从而在挥发分析出之前黏附在褐煤的表面，堵塞煤的空隙不利于挥发分的逸出和扩散，进而影响后续的热解过程；而内蒙古兴和煤热解开始温度相对小龙潭煤较晚，生物质的物理变形对它的热解过程影响不占主导地位。对于小龙潭煤，当生物质的加入量少时催化作用也不明显，导致共热解过程无任何明显效果。随着生物质含量的增加，其催化作用越来越显著，抵消了一部分由物理变形带来的影响，故抑制作用越来越弱。

4.3.3　生物质与煤共热解机理分析

生物质与煤热解时会存在一定的相互作用：促进或抑制作用。一般认为，生物质对于煤的热解的影响主要表现为以下几个方面：第一，生物质灰中的碱金属氧化物对煤热解过程的催化作用。生物质灰分的特点是碱金属含量高，特别是 K_2O 含量占很大比例，如麦秆 K_2O 含量大于总灰分的四分之一。钾元素在秸秆、柳木及草本生物质含量最高。生物质中碱金属的存在会对煤的热解起到一定的催化作用。第二，生物质中的 CaO 对煤热解存在促进作用。一些研究者认为，CaO 的存在会对煤气相中硫的逸出有很大影响，H_2S 会与 CaO 发生反应生成 CaS，COS 也会与 CaO 生成 CaS。CaO 的存在会降低煤热解挥发分中的 H_2S 和 COS 的含量，从而使煤热解反应向生成挥发分的方向进行，对共热解有促进作用[9]。第三，生物质中 H 对共热解有促进作用。生物质的 H/C 比明显高于煤，研究表明，生物质混合物的 H/C 为 0.148，褐煤仅为 0.08，烟煤更小，为 0.06。因此，如果在共热解过程中，氢能够适当地分配给碳原子，则氢量足以使之完全挥发；但是，由于煤的结构特点，氢主要以水及高稳定的轻质脂肪烃甲烷或乙烷的形式逸出，使其它碳原子无法与氢结合。因此，在煤化工中，加氢热解可以提高热解转化率及焦油产率，并提高焦油品质[9,10]。在共热解过程中，生物质提前热解产生氢；在煤热解过程中，生物质中的氢有可能会转移到煤中，从而有利于煤的热解。第四，生物质在热解过程中会发生软化、变形从而抑制煤热解。研究表明，生物质的密度大约为褐煤的 1/2, 烟煤的 0.45 倍, 因此, 随掺杂比例的增加, 大量生物质可能在煤热解之前就黏附在煤表面, 堵塞煤孔道, 从而抑制了挥发分的逸出。

通过以上分析可以看出, 不同比例生物质与不同煤样共热解时, 原料的组成和特性及灰中矿物质成分、掺混比例等对煤热解过程同时具有促进与抑制作用, 实验结果是以上各因素共同作用的结果。

4.4　共热解对热解产物分布的影响

通过以上热重分析可以得出, 煤与生物质的共热解过程是否存在协同效应与生物质种类和煤与生物质的比例密切相关。在以上 3 种生物质和 2 种煤的研究中, 只有内蒙古兴和煤与苹果树枝之间存在明显的协同效应, 在内蒙古煤与苹果树枝混合比例为 2:1 时, 两者之间的协同效应最为明显, 失重量最大。下面通过固定床实验进一步验证以上结果, 并考察共热解过程的条件对气、液、固三相产率的影响。

4.4.1　不同温度对内蒙古兴和煤热解产物分布的影响

首先考察了内蒙古兴和煤单独热解时, 不同反应终温对热解产物的影响, 结果见图 4-4。

如图 4-4 所示, 在不同的热解终温条件下, 产物分布、气体产物组成、焦油成分都是不一样的。从图 4-4 (a) 可以看出, 随着反应终温的升高, 热解程度不断加深, 剩余固体半焦量减少, 气体产率不断升高, 而焦油产率先升高, 在达到一个最高值后开始下降, 在 650℃时, 焦油产率会低于气体产率。这是因为, 600℃之前, 随着热解温度的升高, 原来不能断裂的具有较高活化能的键此时会发生断裂, 从而生成更多的气体和液体焦油。但当大于 600℃后, 生成的焦油在高温时会发生二次反应, 在离开反应器前会裂解为小分子的烃类化合物, 或者聚合成大分子重新生成固体放出小分子气体, 从而降低焦油产率, 增加煤气的产率。因此, 650℃时轻质气体的含量会大于焦油的含量。刘振宇等[11]对不同反应器中挥发分

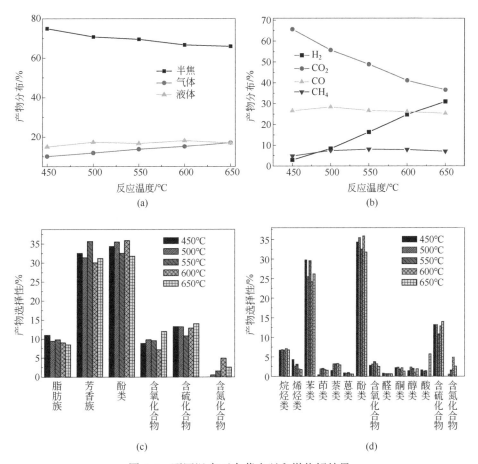

图 4-4　不同温度下内蒙古兴和煤热解结果
（a）产物分布；（b）热解气体组成；（c）热解焦油组成；（d）热解焦油成分分析

的二次反应进行了详细研究，并指出当反应温度较高时，由于不同反应器中热解所得气相产物停留时间和剩余固相半焦停留时间不同，导致热解产品收率和产物分布也明显不同。

图 4-4（b）给出了轻质气体产物中气体的成分分析。从图中可以看到，随着热解终温的升高，H_2 的产率在明显增加，而二氧化碳产率在明显下降，而 CO 和 CH_4 变化趋势不明显。太原理工大学李美芬[12]针对煤热解过程中主要气态产物生成的动力学和机理进行了详细研究，并指出低温时 CO_2 的生成主要是羧基分解和甲氧基分解成甲烷和 CO_2 的共同作用；在较高温度时 CO_2 生成与煤种的含氧杂环有关；而高温时（>700℃）CO_2 生成与矿物质分解有关。由于本研究使用的内蒙

古兴和煤为低阶煤，含氧官能团多，故在低温时 CO_2 生成量比较大，而其它气体的生成温度较晚，因此，此时 CO_2 含量最高。随着温度的升高，大部分羧酸官能团分解结束，CO_2 的生成主要为甲氧基及含氧杂环的分解，且此时其它气体也大量放出，因此，CO_2 含量下降。另外，作者认为 H_2 的生成主要是五个基元反应的结果，第一基元反应是甲苯热解放出氢自由基，之后结合为氢气；第二基元反应是环烷烃的芳构化或氢化芳香环脱氢；第三基元反应主要是芳环之间的缩聚产生氢气；第四基元反应主要为芳香体系脱氢的结果，此时各种热解气体基本结束，主要是 H_2 大量生成的过程；第五基元反应为芳香体系增大的过程，此时只有 H_2 仍在生成，其它气体生成反应基本都已结束。从以上分析可以看到，温度越高，H_2 生成越容易，因此，随着温度的升高，在气体产物组成中 H_2 含量也在升高，且随着温度的进一步升高，H_2 含量会进一步增大。对于 CH_4 的生成，同样认为是五个基元反应共同作用的结果。第一基元反应是吸附甲烷的脱附或甲氧基热解；第二基元反应为含氧官能团脂肪侧链分解；第三基元反应主要为长链烷烃类的二次裂解生成的甲基与甲苯热解生成的 H 自由基结合生成 CH_4；第四基元反应为甲苯热解生成甲烷和脂肪链的环化和芳构化生成 CH_4；第五基元反应是芳构化作用的结果。可以看出在生成其它气体和 H_2 的过程中一直伴随着 CH_4 的生成，因此，该 CH_4 含量在整个热解过程中变化不明显。

煤焦油成分复杂，可达上万种，主要含有苯、甲苯、二甲苯、萘、蒽等芳烃，以及芳香族含氧化合物（如苯酚等酚类化合物），脂肪烃类及含氧化合物，含氮、含硫的杂环化合物等多种有机物。如图 4-4（c）所示，内蒙古兴和煤热解主要组成产物为芳烃和酚类，而在芳烃中苯含量最高。如图 4-4（d）所示，含氧化合物主要包括酸、酮、醛、醇、酚类及其它含氧化合物。热解焦油中含氧化合物的存在导致焦油存在不稳定性、腐蚀性和热值低等问题[13-15]。其中，酸和酮使焦油性质不稳定，且对设备具有腐蚀性，而酯和醚会降低焦油的热值，含 N 组分会引起环境问题[13,16]。因此，以上几种产物都是热解焦油中不希望得到的产物。但是，焦油中酚类具有高的附加值，可以生产树脂和其它化工产品[15,17]。由于脂肪烃和芳香烃可以提高焦油的热值，因此，这几种组分都是希望得到的热解产物[18,19]。从图 4-4（c）可以看到，在 550℃时，芳烃类的含量明显大于其它所有温度，而脂肪烃类的含量除了 450℃外，在该温度时它的含量也是最大的，而含硫和含氮化合物在 550℃时含量最低。可见，在 550℃时焦油产率最大，品质也最好。为此，综合考虑，本实验选定煤热解温度为 550℃，用于以下进一步的实验研究。

4.4.2　不同配比对共热解产物分布的影响

基于以上实验结果及 TG 分析结果，在 550℃时，对内蒙古兴和煤和苹果树枝在不同混合比例下的热解产物分布及焦油品质进行了进一步的深入研究。

图 4-5 为内蒙古兴和煤和苹果树枝在不同比例混合条件下产物分布情况。图中 NMXH 和 PGSZ 代表只有煤样或只有生物质苹果树枝时热解结果。其中气体产率通过 GC 检测得到，固体产率通过称量热解后剩余固体得到，而液体产率通过质量衡算得出。图中实线代表了生物质和煤共热解时实验测量值，而虚线代表了依据原料中混合比例按公式计算所得的理论计算值。从图 4-5 可以看出，苹果树枝热解后剩余固体产率明显低于低阶煤热解，在 550℃时，固体产率小于 30%。在 NMXH：PGSZ 为 2：1 和 1：1 时，共热解所获得的半焦产率均低于理论计算值。而在所有的配比范围内液体产品的收率均高于计算值，该结果进一步证实了热重测试所得结果，即内蒙古兴和煤与苹果树枝之间存在明显的协同效应。在其它研究中同样发现煤与木质生物质的共热解存在协同效应[20,21]，且认为低阶煤与生物质配比在 2：1 时共热解协同效应最明显。发生协同效应最主要的原因是生物质为低阶煤的热解提供了大量的自由基。从表 4-1 煤的特征参数可以看出，三种生物质中苹果树枝的最大失重速率对应的温度与低阶煤最为接近，因此，当它热

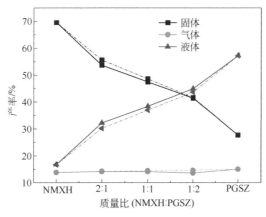

图 4-5　内蒙古兴和煤与苹果树枝共热解产物分布实验值与理论计算值对比图

实线：实验值；虚线：理论计算值

解时可以作为 H 的供体从而促进低阶煤的热解，且产生更多的焦油。其中，低阶煤与生物质共热解最明显的失重在 2∶1 混合比例下获得，在较高的生物质掺杂比例下，除了物理变形对实验结果的影响外，还可能是由于此时会有更多的自由基产生，由于他们十分不稳定，他们之间很有可能又发生了相互反应，使协同效应明显下降。其它文献中同样指出，当生物质含量进一步增加时，协同效应反而会降低[8]。图 4-6 给出了内蒙古兴和煤与苹果树枝在不同混合比例下的气体产物分布。从图 4-6 可以看出，虽然最终气体产率在不同的混合比例下总气体产率变化不明显（见图 4-5），但气体组成变化却比较明显。在低阶煤与苹果树枝混合比例为 2∶1 的条件下，H_2 产率下降特别明显，该结论进一步证明了混合比例低时，生物质产生的 H 供给体被用于稳定热解产生的焦油碎片，使产生更多的焦油，即促进了低阶煤的热解。当混合比例大于 1∶1 时，H_2 产率的增加说明了协同效应的减弱或不存在协同效应。

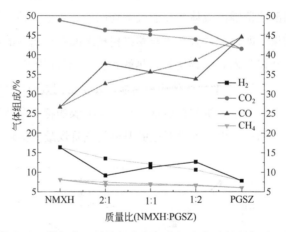

图 4-6 内蒙古兴和煤与苹果树枝共热解气体组成实验值与理论计算值对比图
实线：实验值；虚线：理论计算值

图 4-7（a）为基于 GC/MS 测得的内蒙古兴和煤和苹果树枝单独热解时焦油组分分析结果。图 4-7（b）为两者按不同比例混合时的焦油组分分布。

如图 4-7（a）所示，生物质和煤单独热解产物存在很大的差别：如低阶煤热解主要产物为烃类和酚类，烃类是内蒙古兴和煤热解焦油中含量最高的组分（47%）。生物质热解主要产物为含氧化合物。生物质热解生成糖类，而煤热解没有糖类生成。内蒙古兴和煤生成产物中含 S 组分明显，而苹果树枝热解产物中无

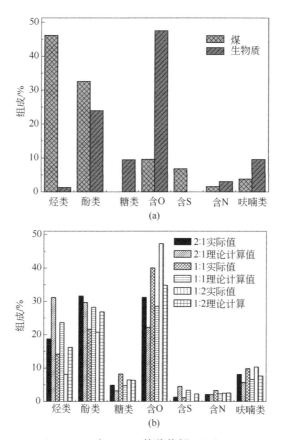

图 4-7　（a）NMXH 和 PGSZ 单独热解；（b）NMXH+PGSZ
不同比例混合计算值与实际值焦油量对比

含 S 组分生成。这主要是由于两种物质在组成上存在很大差别。生物质主要由纤维素、半纤维素和木质素组成，含氧量高。因此，生物质热解生成的生物质焦油中含氧量高，质量分数基本都在 35%～40% 范围内，主要为水、羧酸、酮、醛、酚和糖。这些组分导致焦油品质热值低、黏度高、化学稳定性差，酸性强，对设备腐蚀严重[22,23]，因此生物质热解所得到的焦油不能直接用作燃料。生物质热解中生成的酸性组分大部分都为脂肪酸，可达含氧化合物的 45%，占整个液体产物组成的 20%，占比最高。文献中指出，这些酸性组分部分来自纤维素热解环断裂，部分来自残留脂肪酸的挥发。糖类和其它含氧化合物的生成主要有三个路径：第一，木质素解聚生成酚类化合物和非挥发性低聚物；第二，纤维素和半纤维素降解生成脱水糖（如左旋葡萄糖）和相应的衍生物；第三，纤维素和半纤维素降解生成轻质有机产物，如醛类、酮类、醇类、酯类和呋喃[24,25]。在生物质热解产物中，脂肪烃和芳香烃的含量很少。文献指出，生物质热解中该烃类的生成主要有两个途径：第一，纤维素解聚生成脱水物质，之后经过一系列的脱水、脱羟基、脱羧、异构化、低聚反应及脱氢后生成芳烃，并生成 CO、CO_2 和水；第二，木质素解聚生成酚类物质，之后经过一系列的脱羟基、脱羧反应生成芳烃、CO、CO_2 和 H_2O[26-28]。脂肪烃和芳烃是我们希望得到的主要产物，因为它们能提高焦油的热值[26,19]。低阶煤是生物质经历长期的高温高压条件下生成的，已经脱去了大多数的氧，其相对于生物质，含氧量明显减少。煤是一种大分子有机体，其基本结构单元为稠芳环构成的芳香簇，通过桥键相互关联在一起。其中氧主要以羧基（—COOH），羟基（—OH），羰基，甲氧基（—OCH$_3$）和醚（—C—O—C—）的形式存在，也有些氧与碳骨架结合形成杂环。当煤受热时，连接芳香簇的桥键和芳香簇周围的侧链会首先发生断裂，从大分子基体中生成的大分子物质就是焦油，而小分子物质为轻质气体。因此，煤和生物质结构不同，热解机理大不一样，导致产物及焦油成分差别很大。

图 4-7（b）给出了内蒙古兴和煤与苹果树枝按不同比例混合后焦油组成的计算值与实际值对比结果。从图中可以看出，无论以何种比例混合，烃类的实验值都低于理论计算值，而含氧化合物的实际值都高于理论计算值。另外，无论以何种组分混合，焦油中的含硫组分都会大大降低；在混合比例为1∶2时没有检测到含硫组分，说明共热解有利于降低焦油中含硫物质的含量。在掺杂比为2∶1时焦油中酚类含量大于理论计算值，而其它掺杂比例下，焦油中酚类含量均小于理论计算值。说明生物质掺杂比例不同，热解机理存在差别，在掺杂比为2∶1时有利于酚类物质的生成。总体来看，生物质与煤的共热解确实存在协同效应，通过共热解，焦油中含氧组分在增加，烃类物质在减少，焦油品质在下降，即协同效应的存在使生成更多的液体产物，但并不能改善焦油品质[29]。可见，共热解后生成焦油的提质将是共热解的一个重要课题，特别是焦油中存在的酸性组分。

参考文献

[1] Hernández J J, Aranda-Almansa G, Serrano C. Co-gasification of biomass wastes and coal-coke blends in an entrained flow gasifier: An experimental study[J]. Energy & Fuels, 2010, 24(4): 2479-2488.

[2] Sonobe T, Worasuwannarak N, Pipatmanomai S. Synergies in co-pyrolysis of Thai lignite and corncob[J]. Fuel processing technology, 2008, 89(12): 1371-1378.

[3] Kajitani S, Zhang Y, Umemoto S, et al. Co-gasification reactivity of coal and woody biomass in high-temperature gasification[J]. Energy & Fuels, 2009, 24(1): 145-151.

[4] Fermoso J, Arias B, Plaza M G, et al. High-pressure co-gasification of coal with biomass and petroleum coke[J]. Fuel Processing Technology, 2009, 90(7): 926-932.

[5] Agarwal G, Lattimer B. Physicochemical, kinetic and energetic investigation of coal–biomass mixture pyrolysis[J]. Fuel Processing Technology, 2014, 124: 174-187.

[6] 谢克昌. 煤的结构与反应性[M]. 北京: 科学出版社, 2002.

[7] Yang H, Yan R, Chen H, et al. Characteristics of hemicellulose, cellulose and lignin pyrolysis[J]. Fuel, 2007, 86(12): 1781-1788.

[8] 阎维平, 陈吟颖. 生物质混合物与褐煤共热解特性的试验研究[J]. 动力工程, 2006, 26(6): 865-870.

[9] 管仁贵, 李文, 李保庆. 钙基添加剂在大同煤热解中的作用[J]. 中国矿业大学学报, 2002, 31(4): 396-401.

[10] 周仕学, 聂西文. 高硫强黏结性煤与生物质共热解的研究[J]. 燃料化学学报, 2000, 28(4): 294-297.

[11] Liu Z, Guo X, Shi L, et al. Reaction of volatiles–A crucial step in pyrolysis of coals[J]. Fuel, 2015, 154: 361-369.

[12] 李美芬. 低煤级煤热解模拟过程中主要气态产物的生成动力学及其机理的实验研究[D]. 太原: 太原理工大学, 2009.

[13] Lu Q, Zhang Z F, Dong C Q, et al. Catalytic upgrading of biomass fast pyrolysis vapors with nano metal oxides: an analytical Py-GC/MS study[J]. Energies, 2010, 3(11): 1805-1820.

[14] Lu Q, Zhang Y, Tang Z, et al. Catalytic upgrading of biomass fast pyrolysis vapors with titania and zirconia/titania based catalysts[J]. Fuel, 2010, 89(8): 2096-2103.

[15] Pattiya A, Titiloye J O, Bridgwater A V. Fast pyrolysis of cassava rhizome in the presence of catalysts[J]. Journal of Analytical and Applied Pyrolysis, 2008, 81(1): 72-79.

[16] Iliopoulou E F, Stefanidis S D, Kalogiannis K G, et al. Catalytic upgrading of biomass pyrolysis vapors using transition metal-modified ZSM-5 zeolite[J]. Applied Catalysis B: Environmental, 2012, 127: 281-290.

[17] Simoneit B R T, Rushdi A I, Bin Abas M R, et al. Alkyl amides and nitriles as novel tracers for biomass burning[J]. Environmental science & technology, 2003, 37(1): 16-21.

[18] Carlson T R, Cheng Y T, Jae J, et al. Production of green aromatics and olefins by catalytic fast pyrolysis of wood sawdust[J]. Energy & Environmental Science, 2011, 4(1): 145-161.

[19] Cheng Y T, Jae J, Shi J, et al. Production of renewable aromatic compounds by catalytic fast pyrolysis of lignocellulosic biomass with bifunctional Ga/ZSM-5 catalysts[J]. Angewandte Chemie, 2012, 124(6): 1416-1419.

[20] Song Y, Tahmasebi A, Yu J. Co-pyrolysis of pine sawdust and lignite in a thermogravimetric analyzer and a fixed-bed reactor[J]. Bioresource technology, 2014, 174: 204-211.

[21] Park D K, Kim S D, Lee S H, et al. Co-pyrolysis characteristics of sawdust and coal blend in TGA and a fixed bed reactor[J]. Bioresource technology, 2010, 101(15): 6151-6156.

[22] Oasmaa A, Czernik S. Fuel oil quality of biomass pyrolysis oils state of the art for the end users[J]. Energy & Fuels, 1999, 13(4): 914-921.

[23] Scholze B, Meier D. Characterization of the water-insoluble fraction from pyrolysis oil (pyrolytic lignin). Part I. PY–GC/MS, FTIR, and functional groups[J]. Journal of Analytical and Applied Pyrolysis, 2001, 60(1): 41-54.

[24] Qiang L, Wen-Zhi L, Dong Z, et al. Analytical pyrolysis-gas chromatography/mass spectrometry (Py–GC/MS) of sawdust with Al/SBA-15 catalysts[J]. Journal of Analytical and Applied Pyrolysis, 2009, 84(2): 131-138.

[25] Van de Velden M, Baeyens J, Brems A, et al. Fundamentals, kinetics and endothermicity of the biomass pyrolysis reaction[J]. Renewable energy, 2010, 35(1): 232-242.

[26] Carlson T R, Cheng Y T, Jae J, et al. Production of green aromatics and olefins by catalytic fast pyrolysis of wood sawdust[J]. Energy & Environmental Science, 2011, 4(1): 145-161.

[27] Mochizuki T, Chen S Y, Toba M, et al. Pyrolyzer–GC/MS system-based analysis of the effects of zeolite catalysts on the fast pyrolysis of Jatropha husk[J]. Applied Catalysis A: General, 2013, 456: 174-181.

[28] Vichaphund S, Aht-ong D, Sricharoenchaikul V, et al. Catalytic upgrading pyrolysis vapors of Jatropha waste using metal promoted ZSM-5 catalysts: an analytical PY-GC/MS[J]. Renewable Energy, 2014, 65: 70-77.

[29] 王俊丽, 赵强, 郝晓刚, 等. 低阶煤与生物质混合低温共热解特性分析及对产物组成的影响[J]. 燃料化学学报, 2021, 49(1): 37-46.

第5章 半焦水蒸气气化流化床研究

5.1 引言

5.2 气化实验过程

5.3 气化反应

5.4 半焦水蒸气-O_2催化气化研究

5.1 引言

低阶煤经过单独热解、与生物质共热解或催化热解后仍然剩余大量的半焦。为了实现低阶煤的清洁高效分级利用，作为副产物的半焦应该被有效利用。半焦气化是半焦有效利用的重要途径之一，目前研究者已进行了大量的研究[1-5]。与煤和生物质相比，煤半焦和生物质半焦作为气化原料更加合适。这是由于使用原料煤或/和生物质为原料时，产物中常常富含大量焦油，而焦油的存在大大不利于半焦的气化[6]。另外，半焦中固定碳含量高，因此气化活性会更高。

关于半焦气化，常用的气化剂包括 CO_2[7]、O_2[8]、空气[9]、水蒸气[10]及混合气体[11]。其中，水蒸气气化受到研究者们的广泛关注。这是因为，使用水蒸气做气化剂比使用 CO_2 做气化剂时的气化速率快[12]；同时，使用水蒸气做气化剂得到的产物中 CO 和 H_2 含量较高，可以用作可燃气体或合成气[13]。半焦水蒸气气化是一个复杂的物理化学反应过程，除了半焦与水蒸气的气化反应以外，水煤气变换、甲烷化、甲烷重整等多个反应均会影响气化反应的结果，最终的气体组成是一系列反应相互竞争的结果[14]。因此，通过控制反应条件获得高附加值的气体产物意义重大。

传统的煤气化通常不使用催化剂，在使用水蒸气和氧气作为气化剂时，气化温度高于 1000℃，如鲁奇气化炉，反应温度为 1000℃，产物主要为 38%～39% H_2，15%～18%CO，10%～12%CH_4 和 31%～32%CO_2。为了降低反应温度及能耗，半焦催化气化受到了研究者们的广泛关注。通过使用催化剂不仅降低了反应温度，而且提高了半焦转化率[15-23]。利用催化剂提高 H_2 产率是研究者关注的热点之一，常用的催化剂包括碱金属[24,25]，石灰[26]，铁基化合物[27]和钙铁复合催化剂[28]。在加压水蒸气煤气化过程中，熟石灰可作为 CO_2 吸收剂，通过影响水煤气变换反应的平衡从而提高氢气产率[26]。铁基催化剂同样可以降低 CO 的生成，但效果有限[27]。碳酸钾具有优良的催化活性，目前关于该催化剂用于半焦气化已进行了大量的研究[15-16,20,22]，并证明该催化剂对半焦气化反应具有良好的催化活性。但文献中指出，碳酸钾特别容易失活，煤中黏土矿物与钾的相互作用是导致催化剂失活的主要原因[20-22]。因此，解决碳酸钾催化剂的失活问题或研究高活性的催化剂对于半焦气化的工业化应用至关重要。

本章论述了通过使用可视化流化床反应器对半焦水蒸气气化进行的详细的基础研究。主要通过两方面对产物组成进行调控：一、引入 O_2。氧气与半焦的燃烧反应为放热反应，通过半焦的这种自热方式，可以提高反应器温度，从而影响气化反应过程；另外，氧气加入后会生成 CO 和 CO_2，从而影响气化产物的分布。二、加入催化剂。催化剂的加入可以改变反应历程，从而降低反应所需温度，不仅可以提高半焦转化率而且可以降低气化过程的能耗。本研究为流化床半焦水蒸气气化的进一步工业化应用提供了参考。

5.2 气化实验过程

5.2.1 实验原料

本实验所选用半焦为岩手切碳，实验前利用小型破碎机将之粉碎，并利用不锈钢筛网得到粒径为 0.25～0.5mm 和 0.5～1.0mm 的半焦颗粒，并置于真空干燥箱中，105℃干燥 10h。流化床实验中使用的床料为 7 号沙子，平均颗粒大小 0.19mm，密度为 2560kg/m³。

10% K_2CO_3+半焦的制备：采用浸渍法来制备含 10% K_2CO_3 的半焦颗粒。首先称取一定量的半焦，并将一定质量的 K_2CO_3 溶于一定量的水中，充分溶解。10% K_2CO_3 是指 K_2CO_3 占 K_2CO_3 和半焦总质量的 10%。将半焦放于 K_2CO_3 水溶液中浸渍，保证 K_2CO_3 水溶液正好刚刚超过半焦表面，浸泡 12h 后置于烘箱中干燥，除去多余的水分。所得固体即为掺杂了 10% K_2CO_3 的半焦颗粒。

5.2.2 实验装置及实验过程

本研究中半焦水蒸气气化反应在可视化流化床中进行，图 5-1 为进行实验使用的流化床装置。如图 5-1（a）所示，该装置主要包括固体螺旋进料器、水蒸气发生器、气体流量控制系统、流化床主反应器、旋风分离器、三级冷凝、在线 GC 检测及干式流量计。其中流化床反应器是一内径为 35mm 的石英管，温度低时，通过背后的 LED 灯可以看见内部的流化状态，如图 5-1（b）所示；当温度较高时，可直接看见内部的流动状态，如图 5-1（c）、（d）所示。为了更清楚地描述整个流化床的实验过程，图 5-2 给出了对应于图 5-1 的实验装置示意图。

图 5-1　流化床实验装置图

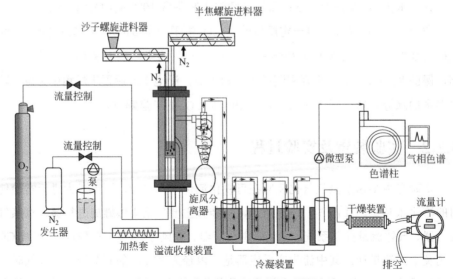

图 5-2　流化床气化实验装置示意图

流化床水蒸气半焦气化实验过程如下：

① 固体螺旋进料器中加入足量的半焦及沙子。加入沙子的目的是为了补充实验过程中溢流出去的沙子，使整个流化过程保持稳态。

② 打开氮气发生器，通过气体控制面板调节流化气体及固体进料器中 N_2 的流速，检查装置气密性。流化气体通过气体分布板后均匀地进入流化床。两个固体进料器中通入 N_2，一方面为了赶出固体原料及加料装置中的 O_2，另一方面为了松动沙子和半焦，使它们更容易进入流化床反应器。

③ 设定流化床控温系统的升温程序。流化床反应器外部为电加热器，使用一根热电偶监控流化床反应器外部的温度变化，电加热器会根据该热电偶的温度调节加热炉的升温情况。另有一根热电偶置于反应器内部，位于流化床床层内部，监控内部实际温度。

④ 升温开始后打开沙子进料器并保持一定的加料速率，以维持整个流化床的稳定操作。在反应器达到终温之前，打开水蒸气加热带和产物管路的加热带，加热终温均为 290℃。水蒸气加热带是为了保证水能够完全气化为水蒸气；产物管路的加热带是为了保证生成的少量焦油及未反应的水蒸气在管路里不会冷却，影响连续操作过程；冷凝装置中加入冰水混合物以收集未反应的水及生成的少量焦油。打开在线 GC 用于产物的在线监测。

⑤ 当反应温度达到终温后，首先打开与储水装置相连的泵，将水以一定的速率送入反应管路，通过高温加热带后送入流化床反应器提供气化剂。待流化床进入稳态后打开固体半焦的螺旋进料器，以一定的进料速率进入流化床，气化反应发生。气体产物通过旋风分离器除去气体夹带的固体颗粒，之后进入三级冷凝去除其中的少量焦油及未反应的水。大部分气体通过干燥器后进入干式流量计后排空，干式流量计可以记录气体的总流量。另外，很少一部分气体通过使用微型泵将之送入 GC 在线监测系统，分析生成气体组成。实验过程中连续采集气体样品，每隔 10min 采样一次，直到产物稳定为止。

⑥ 实验结束时，首先关掉半焦螺旋进料器，水蒸气发生器及水蒸气加热带。之后通入氧气将多余的半焦燃烧完全，大约为 1h。关闭升温程序、沙子进料器和产物管路的加热带。直至流化床反应器降为室温时，关闭 N_2 发生器。

5.2.3　进料器与进料速率的标定

图 5-3 给出了螺旋进料器的转速与固体进料速率的关系，得出了固体进料的

标准曲线。图 5-4 为气体控制面板上设定值与实际气体流速的关系，同样得出了以上四路气体的标准曲线，用于实验操作参数的确定。使用的固体原料不同，沙子型号不同，螺旋进料器的转速对应的固体进料速率也不同，为此，以上半焦进料器所得标准曲线仅适用于岩手切碳的进料，更换原料时需要重新标定。

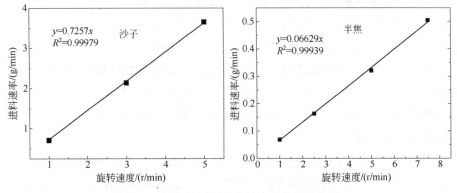

图 5-3　螺旋进料器与进料速率的线性关系

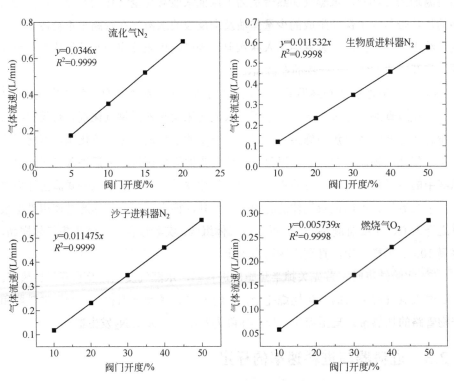

图 5-4　气体控制面板设定值与气体流速的关系

5.2.4　数据处理

实验过程中变量 ER 定义为：

$$ER = \frac{实际通入的氧气量}{半焦完全燃烧需要的氧气理论值}$$

半焦转化率：

$$X_C(\%) = \frac{12Y(CO\% + CO_2\% + CH_4\%)}{22.4 \times C\%} \times 100\%$$

式中，Y 表示气体产率（单位：Nm^3/kg）；$C\%$ 为半焦中固定碳的含量；$CO\%$，$CO_2\%$ 和 $CH_4\%$ 分别表示产物中气体 CO、CO_2、CH_4 的摩尔分数。

气体低热值（LHV）[29]：

$$LHV(kJ/Nm^3) = CO \times 126.36 + H_2 \times 107.98 + CH_4 \times 358.18$$

式中 CO，H_2 和 CH_4 为各组分气体 CO、H_2、CH_4 的摩尔分数。

5.3　气化反应

5.3.1　半焦水蒸气-O_2 气化反应

半焦水蒸气气化反应主要包括：

主反应：　　　　　$C + H_2O（g）=\!\!=\!\!= CO + H_2 - 131kJ/mol$　　　　　（5-1）

副反应：　　　　　$C + 2H_2O（g）=\!\!=\!\!= CO_2 + 2H_2 - 76kJ/mol$　　　　（5-2）

水气变换反应：$CO + H_2O（g）=\!\!=\!\!= H_2 + CO_2 + 42.2kJ/mol$　　　（5-3）

甲烷化反应：　　　$C + 2H_2 =\!\!=\!\!= CH_4 + 88kJ/mol$　　　　　　　（5-4）

水蒸气重整反应：$CH_4 + H_2O（g）=\!\!=\!\!= CO + 3H_2 - 206kJ/mol$　　（5-5）

如果反应过程中加入 O_2，则还存在氧化反应：

$$C + O_2 =\!\!=\!\!= CO_2 + 408.8kJ/mol \qquad （5\text{-}6）$$

$$2C + O_2 =\!\!=\!\!= 2CO + 246.6kJ/mol \qquad （5\text{-}7）$$

可以看出，半焦水蒸气的气化反应是一个复杂的多相多反应体系，最终气体产物组成是以上一系列反应相互竞争的结果。

5.3.2 影响半焦水蒸气-O_2气化反应的因素

5.3.2.1 不同温度的影响

首先对没有引入 O_2 的半焦水蒸气气化进行了基础研究。图 5-5 为不同反应器温度条件下半焦水蒸气气化实验结果，其中当量比 ER 为 0，水蒸气与半焦摩尔比为 1。由于在流化床实验中，使用沙子做床料，惰性气体 N_2 为流化气体，因此反应过程中有大量的载气连续不断地通过流化床内部，导致反应器内温度达不到设定温度值。表 5-1 给出了不同设定温度条件下对应的实测温度值。从表中可以看出，在该实验条件下，实测值与设定值相差大约 17℃。

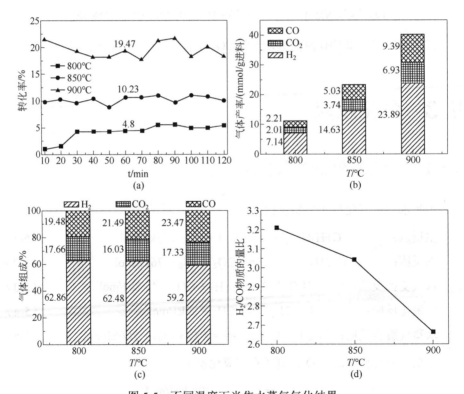

图 5-5 不同温度下半焦水蒸气气化结果

（a）半焦转化率；（b）各气体产率；（c）生成气体体积分数（不含载气）；（d）H_2/CO 摩尔比

表 5-1　反应器温度实测值

反应器温度设定值/℃	反应器温度实测值/℃
800	782
850	833
900	883

图 5-5（a）为不同温度时半焦的转化率。流化床反应器稳态条件下获得的实验结果反映该条件下的真实情况。实验中，使用在线 GC 每隔 10min 记录一次实验过程，直至达到稳态。实验分析所用数据为稳态条件下实验结果的平均值，其它实验条件下所用实验数据同样按该方法获得。

如图 5-5（a）和图 5-5（b）所示，随着温度的升高，半焦转化率和气体产率都在显著增加，半焦转化率从原来的 4.8%增加至 19.47%。由于半焦水蒸气气化是吸热反应，随着温度的升高，半焦转化率自然会升高。另外，我们可以看出所使用的岩手切碳半焦比较难以气化，在 900℃时气化效率仍然很低。从图 5-5（b）可以看出，半焦气化主要的气体产物为 CO，CO_2 和 H_2，随着温度的升高各种气体的产率均显著增高，气体总产率从低温时的 11.36mmol/g 增加至 40.21mmol/g。从图 5-5（c）和图 5-5（d）可以看出，尽管随着温度的升高各气体产率都在升高，但由于 CO 增加的程度大于 H_2 增加的程度，使得生成气体组成中 CO 所占的气体体积分数在增加，而 H_2 体积分数在减小，当温度高于 850℃时（实际温度 833℃）差别更加明显。以上现象使得 H_2/CO 摩尔比随温度升高在不断降低，如图 5-5（d）所示。文献指出，水煤气反应为放热反应，且该反应最明显的温度区间为 730～830℃[30]。因此，反应温度大于 830℃之后，当温度进一步升高时，水煤气变换反应在减弱，CO 进一步转化为 H_2 反应速率减慢；而随着温度升高，半焦气化反应速率在增加，最终使得 CO 体积分数升高，H_2 体积分数下降，导致 H_2/CO 摩尔比下降。

5.3.2.2　当量比 ER 的影响

当量比即实际通入氧气的摩尔数与半焦完全燃烧所需氧气摩尔数之比。增加当量比即增加通入的氧气量。ER 对半焦气化的影响主要通过以下两方面进行：第一，增加当量比会使反应器温度升高。这是由于半焦与氧气的燃烧反应为放热反应［见式（5-6）和式（5-7）］。因此，通入氧气量增加意味着会放出更多的反应热，从而提高反应器内的温度，进而影响半焦转化率及产品收率。第二，通入氧气会生成较多的 CO 和 CO_2。从式（5-6）和式（5-7）可以看出，半焦水蒸气气化引入氧气，半焦会和 O_2 生成 CO 和 CO_2，从而影响产物组成。

（1）当量比 ER 对反应器温度的影响

首先，研究了当量比对反应器温度的影响，结果见表 5-2 和图 5-6。

表 5-2　不同当量比 ER 对反应器温度的影响

ER	设定温度：900℃	设定温度：700℃
	实际温度[①]	实际温度[②]
0	883	672
0.15	889	
0.2	891	690
0.3	895	
0.5	900	717
0.7	908	

① N_2 流速：0.75L/min；水蒸气流速：0.20mL/min。

② N_2 流速：0.9L/min；水蒸气流速：0.50mL/min。

从表 5-2 可以看出，在两种不同的反应条件下，反应器的温度对当量比 ER 的变化十分敏感。随当量比 ER 的增加，反应器的温度明显升高，基本上呈线性关系，见图 5-6。另外，我们还可以看出，在相同的当量比条件下，低温 700℃时，反应器温度的增加明显高于 900℃时温度的增加。如当量比为 0.5 时，在 900℃时反应器温度仅升高了 17℃；而在 700℃时，相同当量比 0.5 条件下，反应器温度升高了 45℃。这是由于两种情况下流化床反应器的操作条件不同引起的。

（2）当量比对水蒸气气化结果的影响

图 5-7 为不同当量比（ER）条件下半焦水蒸气气化的实验结果。其中使用的载气流速为 0.75L/min，颗粒尺寸由原来的 0.5～1.0mm 变为 0.25～0.5mm，由原来的 0.5～1.0mm 变为 0.25～0.5mm，另外使用的 S/B=1.33。改变颗粒尺寸的目的是减小传热阻力，使颗粒升温速率更快，减弱传热对气化结果的影响；增加 S/B 是为了提高水蒸气分压，从而提高半焦转化率。比较图 5-7（a）和图 5-5（a）可

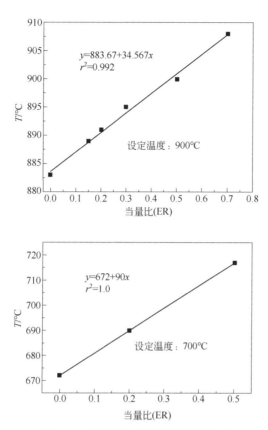

图 5-6　当量比与反应器温度的关系

以看出，在没有通入氧气的条件下，在相同温度时，半焦转化率从原来的 19.47%
增加至目前的 26.97%。

在以上实验条件下研究了不同当量比 ER 对结果的影响。从图 5-7（a）和
图 5-7（b）可以看出，随着 ER 的增加，反应器温度在升高，因此，半焦转化率
和总气体产率都在升高。半焦转化率从原来的 26.97% 增加至 48.36%。半焦转化
率的增加主要由两部分组成：第一，当量比增加即反应器温度升高，导致主反应
半焦水蒸气气化反应速率增加，使更多的半焦被气化；第二，当量比增加即通入
的 O_2 量增大，半焦与氧气的燃烧反应加剧，从图 5-7（b）中 CO_2 产率的显著增加
可以看出，因此，半焦的燃烧反应也是导致半焦转化率显著升高的重要原因。图 5-7
（b）为不同当量比 ER 条件下各生成气体产率的实验结果。从图中可以看出，当
当量比 ER 大于 0.2 时，H_2 产率迅速下降，而 CO 和 CO_2 气体产率在迅速上升。

111

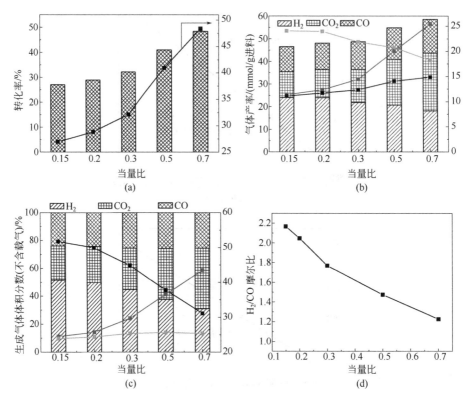

图 5-7 不同当量比（ER）对半焦水蒸气气化结果的影响
（a）半焦转化率；（b）各气体产率；（c）生成气体体积分数（不含载气）；（d）H_2/CO 摩尔比

这是由于当 ER 大于 0.2 时，反应器温度大于 883℃，温度的进一步升高不利于水煤气变换反应，导致 H_2 产率下降，同时随着氧气的增多，燃烧反应更容易发生，导致 CO 和 CO_2 气体产率在迅速上升，且随着当量比进一步增加，半焦完全燃烧生成 CO_2 反应更容易发生，ER 的进一步增大导致了 CO_2 产率升高比 CO 更快。以上结果使得生成气体中 H_2 体积分数在下降，CO_2 体积分数在快速上升，而 CO 先升高，后变化不明显，见图 5-7（c）。这主要是因为刚通入 O_2 时，随 O_2 的增多主要进行的不完全燃烧，CO 体积分数会升高。但当通入 O_2 达到一定浓度后，半焦进行的主要为完全燃烧，很少生成 CO，因此，随着通入 O_2 量的进一步增大，CO_2 在快速增加，但对 CO 的生成量影响不大。达到一个最高值后 CO 占生成气体的百分含量变化不再明显。以上现象的综合结果导致 H_2/CO 摩尔比不断下降，见图 5-7（d）。为了保证生成气体的品质，最终确定当量比 ER = 0.2 为最佳条件。

5.3.2.3 水蒸气/半焦中碳含量摩尔比的影响

实验条件同上，在900℃，ER = 0.2条件下，调节水蒸气的流速进一步研究了水蒸气/半焦中的碳含量（S/B）摩尔比对气化实验结果的影响，结果见图5-8。

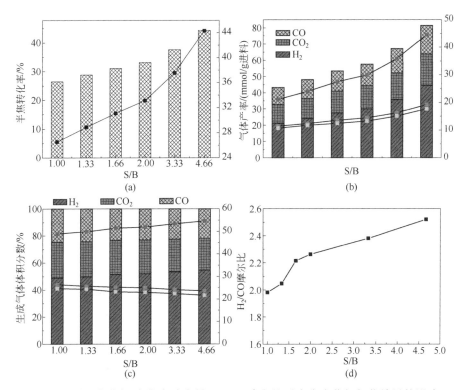

图5-8 不同水蒸气/半焦中碳含量（S/B）摩尔比对半焦水蒸气气化结果的影响
（a）半焦转化率；（b）各气体产率；（c）生成气体体积分数（不含载气）；（d）H_2/CO摩尔比

从图5-8可以看出，随着水蒸气量的增加，半焦转化率、各生成气体的产率、H_2/CO摩尔比都在显著增加。这是由于大量流化气体的存在，使气化剂水蒸气的浓度大大降低，因此S/B = 1远没有达到实际的等量摩尔比，使得半焦转化率非常低，仅为26.53%。随着水蒸气量的增加，气化剂浓度在增大，分压在增加，当S/B=4.66时，半焦转化率可达44.31%，H_2产率增加到44.53mmol/g，气体总产率可达1.93 N·m^3/kg，H_2占生成气体的体积分数可达54.66%，H_2/CO摩尔比为2.52。这是因为水蒸气流量的增大，有利于主反应［式（5-1）］、副反应［式（5-2）］和水气变换反应［式（5-3）］的进行。

以上结果表明，提高水蒸气的分压有利于气化反应的进行，且能明显改善生成气体的品质。文献[31]中得到了同样的结论，而且指出水蒸气与生物质的摩尔比存在一个最高值，当在这个值之前增加水蒸气量时，对气化反应有利；但进一步增加水蒸气含量，会降低反应器温度，从而不利于反应的进行。在目前的操作条件下，进一步提高水蒸气量仍有利于反应的进行。

5.4 半焦水蒸气-O_2 催化气化研究

5.4.1 反应器温度的影响

在以上实验基础上，S/B = 4.66（0.5mL/min），首先在不通入氧气条件下（即 ER = 0）研究了加入 10% K_2CO_3 后半焦的气化结果，该部分选用的反应温度为 600～700℃。由于在流化床实验中，使用了惰性气体 N_2 为流化气体，在实验过程中大量载气连续不断地经过流化床内部，使反应器内温度无法达到设定值。表 5-3 给出了在该实验条件下不同设定温度对应的实测值。从表中可以看出，在该实验条件下，实测值与设定值基本相差在 24～28℃。气化实验结果见图 5-9。

表 5-3 反应器温度实测值

反应器温度设定值/℃	反应器温度实测值/℃
600	576
650	625
700	672

图 5-9 为半焦加入 10%K_2CO_3 催化剂后在 600～700℃范围内半焦气化的实验结果。从图中可以看出，随着反应温度的升高，半焦转化率在增加，各生成气体的产率也在显著增加。在 700℃时半焦转化率可达 28.64%，总气体产率可达到 69.65mmol/g。在各气体产物中，H_2 增加的速度最快。另外，我们可以看到 CO 的产率很小，在 700℃时气体体积分数仅为 4%，而 H_2 为 65%。最值得注意的是该实验结果中的 H_2/CO 摩尔比，在 650℃时高达 26.24。以上结果表明，所加入的催

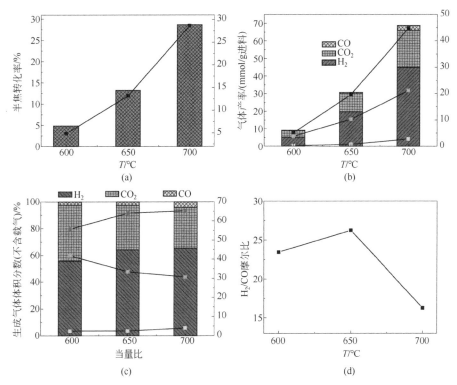

图 5-9　不同温度下半焦水蒸气气化催化结果

（a）半焦转化率；（b）各气体产率；（c）生成气体体积分数（不含载气）；（d）H_2/CO 摩尔比

化剂不仅对于主反应具有催化作用，而且明显促进了水煤气变换反应的发生，使气化反应生成的 CO 基本上完全转化为 CO_2 和 H_2，使得 H_2 产率明显升高，CO 产率明显降低，导致较高的 H_2/CO 摩尔比。另外，随着温度的进一步升高，主反应为放热反应的气化反应反应速率明显升高，而对于吸热反应的水煤气变换反应来说，反应速率没有主反应增加得快，因此导致大于 650℃后，在生成气体总体积中 CO 体积分数有所升高，而 H_2 体积分数变化不明显，使得 H_2/CO 摩尔比有所下降。总之，以上结果表明，K_2CO_3 的加入促进了半焦的气化反应，影响了产物分布，该催化剂更有利于 H_2 的生成。

5.4.2　当量比 ER 的影响

在 700℃条件下，同样研究了不同当量比（ER）对半焦水蒸气气化的影响。不同当量比条件下对应的反应器实际温度见表 5-2。从图 5-10 可以看出，在温度比较低、水蒸气分压比较大的条件下，ER 的增大会导致反应器温度的升高，使得半焦转化率和各种气体的气体产率均明显升高。图 5-10（b）与图 5-7（b）不同的原因在于，该部分内容使用的温度较低，而图 5-7（b）使用的温度在 800℃ 以上。如上所述，大于 830℃ 后水煤气变换反应就会在很大程度上受到抑制，使得 H_2 产率下降。而此时温度较低，进一步升高温度（<830℃）对气化反应和水煤气反应都是有利的，使所有气体的产率都在增加，只是增加的幅度不同。从图 5-10（d）可以看出，该趋势与以上结果一致，即随着温度的升高 H_2/CO 摩尔比会下降。但随着 ER 的进一步增加，通过可视流化床可以看到，床层内的流化状态不佳。原因可能是，床层内由于半焦的燃烧反应放热，使床层内局部温度过高，导致 K_2CO_3 的分解和 K_2CO_3 与 SiO_2 的反应，颗粒变大，使流化困难。因此，对于该种比较难以气化的半焦在流化床内进行操作时，选择更加合适的催化剂将变得更为重要。

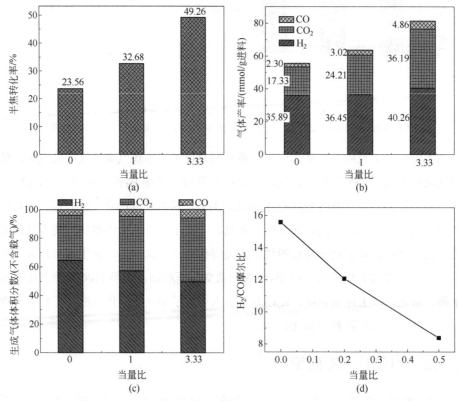

图 5-10　不同当量比（ER）对半焦水蒸气催化气化实验结果的影响
（a）半焦转化率；（b）各气体产率；（c）生成气体体积分数（不含载气）；（d）H_2/CO 摩尔比

5.4.3　K_2CO_3 催化气化机理

关于 K_2CO_3 催化半焦水蒸气气化机理目前已进行了大量的研究[15,20,22,32-38]。
Wood 和 Sancier[34]总结了 K_2CO_3 催化半焦水蒸气气化的催化机理，并指出，该反应的机理主要包括氧传递机理、电化学机理、自由基机理及中间机制。其中以下的氧传递机理应用最为广泛[15,33,34,37]：

$$K_2CO_3+C \longrightarrow K_2O+CO_2+C \longrightarrow 2K+CO_2+CO \qquad (5-8)$$

$$2K+2nC \longrightarrow 2KC_n \qquad (5-9)$$

$$2KC_n+2H_2O \longrightarrow 2nC+2KOH+H_2 \qquad (5-10)$$

$$2KOH+CO_2 \longrightarrow K_2CO_3+H_2O \qquad (5-11)$$

式（5-8）～式（5-11）组成了可以解释碳酸钾催化作用的氧化还原循环体系。其中，式（5-8）表示的第一步是形成活性中间体的关键步骤。然而，Freriks 等[32]指出当温度低于 827℃时，钾盐的生成在热力学上是不利的。该结论与温度较低时该催化剂表现出良好的催化活性是相矛盾的，为此，KC_n 才应该是气化过程中有效催化成分。有研究表明 KC_n 中的 n 值是在 60 左右，该值对应于研究中使用的 10%[39]，从而解释了当 K_2CO_3 负载量低于该数值时，催化效果不明显这一现象。这也是本研究中选用 10%K_2CO_3 的重要原因。

参考文献

[1] Nzihou A, Stanmore B, Sharrock P. A review of catalysts for the gasification of biomass char, with some reference to coal[J]. Energy, 2013, 58: 305-317.

[2] 吾瑜吉. 生物质半焦气化技术的研究现状[J]. 广州化工, 2010, 38(9): 52-53.

[3] Chen G, Yu Q, Sjöström K. Reactivity of char from pyrolysis of birch wood[J]. Journal of analytical and applied pyrolysis, 1997, 40: 491-499.

[4] Sakaguchi M, Watkinson A P, Ellis N. Steam gasification reactivity of char from rapid pyrolysis of bio-oil/char slurry[J]. Fuel, 2010, 89(10): 3078-3084.

[5] Matsumoto K, Takeno K, Ichinose T, et al. Gasification reaction kinetics on biomass char obtained as a by-product of gasification in an entrained-flow gasifier with steam and oxygen at 900-1000℃[J]. Fuel, 2009, 88(3): 519-527.

[6] Li C. Importance of volatile–char interactions during the pyrolysis and gasification of low-rank fuels–A review[J]. Fuel, 2013, 112: 609-623.

[7] Huo W, Zhou Z, Chen X, et al. Study on CO_2 gasification reactivity and physical characteristics of biomass, petroleum coke and coal chars[J]. Bioresource technology, 2014, 159: 143-149.

[8] Jeong H J, Park S S, Hwang J. Co-gasification of coal–biomass blended char with CO_2 at temperatures of 900-1000℃[J]. Fuel, 2014, 116: 465-470.

[9] Ding L, Zhang Y, Wang Z, et al. Interaction and its induced inhibiting or synergistic effects during co-gasification of coal char and biomass char[J]. Bioresource technology, 2014, 173: 11-20.

[10] Bai Y, Wang Y, Zhu S, et al. Synergistic effect between CO_2 and H_2O on reactivity during coal chars gasification[J]. Fuel, 2014, 126: 1-7.

[11] Mermoud F, Salvador S, Van de Steene L, et al. Influence of the pyrolysis heating rate on the steam gasification rate of large wood char particles[J]. Fuel, 2006, 85(10): 1473-1482.

[12] Parthasarathy P, Narayanan K S. Hydrogen production from steam gasification of biomass: influence of process parameters on hydrogen yield–a review[J]. Renewable Energy, 2014, 66: 570-579.

[13] Franco C, Pinto F, Gulyurtlu I, et al. The study of reactions influencing the biomass steam gasification process[J]. Fuel, 2003, 82(7): 835-842.

[14] Wen W Y. Mechanisms of alkali metal catalysis in the gasification of coal, char, or graphite[J]. Catalysis Reviews-Science and Engmeering, 1980, 22(1): 1-28.

[15] McKee D W, Spiro C L, Kosky P G, et al. Catalysis of coal char gasification by alkali

metal salts[J]. Fuel, 1983, 62(2): 217-220.

[16] Tomita A, Takarada T, Tamai Y. Gasification of coal impregnated with catalyst during pulverization: effect of catalyst type and reactant gas on the gasification of Shin-Yubari coal[J]. Fuel, 1983, 62(1): 62-68.

[17] Nahas N C. Exxon catalytic coal gasification process: Fundamentals to flowsheets[J]. Fuel, 1983, 62(2): 239-241.

[18] Jüntgen H. Application of catalysts to coal gasification processes. Incentives and perspectives[J]. Fuel, 1983, 62(2): 234-238.

[19] Wood B J, Fleming R H, Wise H. Reactive intermediate in the alkali-carbonate-catalysed gasification of coal char[J]. Fuel, 1984, 63(11): 1600-1603.

[20] Liu Z, Zhu H. Steam gasification of coal char using alkali and alkaline-earth metal catalysts[J]. Fuel, 1986, 65(10): 1334-1338.

[21] Mims C A, Pabst J K. Alkali-catalyzed carbon gasification kinetics: Unification of H_2O, D_2O, and CO_2 reactivities[J]. Journal of Catalysis, 1987, 107(1): 209-220.

[22] Ohtsuka Y, Asami K. Highly active catalysts from inexpensive raw materials for coal gasification[J]. Catalysis Today, 1997, 39(1-2): 111-125.

[23] Hauserman W B. High-yield hydrogen production by catalytic gasification of coal or biomass[J]. International journal of hydrogen energy, 1994, 19(5): 413-419.

[24] Timpe R C, Kulas R W, Hauserman W B, et al. Catalytic gasification of coal for the production of fuel cell feedstock[J]. International journal of hydrogen energy, 1997, 22(5): 487-492.

[25] Lin S Y, Suzuki Y, Hatano H, et al. Developing an innovative method, HyPr-RING, to produce hydrogen from hydrocarbons[J]. Energy Conversion and Management, 2002, 43(9): 1283-1290.

[26] Yu J, Tian F J, Chow M C, et al. Effect of iron on the gasification of Victorian brown coal with steam: enhancement of hydrogen production[J]. Fuel, 2006, 85(2): 127-133.

[27] Mondal K, Piotrowski K, Dasgupta D, et al. Hydrogen from coal in a single step[J]. Industrial & engineering chemistry research, 2005, 44(15): 5508-5517.

[28] Lv P M, Xiong Z H, Chang J, et al. An experimental study on biomass air–steam gasification in a fluidized bed[J]. Bioresource technology, 2004, 95(1): 95-101.

[29] Pinto F, Franco C, André R N, et al. Co-gasification study of biomass mixed with plastic wastes[J]. Fuel, 2002, 81(3): 291-297.

[30] He P, Luo S, Cheng G, et al. Gasification of biomass char with air-steam in a cyclone furnace[J]. Renewable energy, 2012, 37(1): 398-402.

[31] Freriks I L C, van Wechem H M H, Stuiver J C M, et al. Potassium-catalysed gasification of carbon with steam: a temperature-programmed desorption and Fourier Transform infrared study[J]. Fuel, 1981, 60(6): 463-470.

[32] McKee D W. Mechanisms of the alkali metal catalysed gasification of carbon[J]. Fuel, 1983, 62(2): 170-175.

[33] Wood B J, Sancier K M. The mechanism of the catalytic gasification of coal char: a critical review[J]. Catalysis Reviews Science and Engineering, 1984, 26(2): 233-279.

[34] Saber J M, Falconer J L, Brown L F. Interaction of potassium carbonate with surface oxides of carbon[J]. Fuel, 1986, 65(10): 1356-1359.

[35] Saber J M, Kester K B, Falconer J L, et al. A mechanism for sodium oxide catalyzed CO2 gasification of carbon[J]. Journal of Catalysis, 1988, 109(2): 329-346.

[36] Matsukata M, Fujikawa T, Kikuchi E, et al. Interaction between potassium carbonate and carbon substrate at subgasification temperatures. Migration of potassium into the carbon matrix[J]. Energy & fuels, 1988, 2(6): 750-756.

[37] Chen S G, Yang R T. Unified mechanism of alkali and alkaline earth catalyzed gasification reactions of carbon by CO_2 and H_2O[J]. Energy & fuels, 1997, 11(2): 421-427.

[38] Wigmans T, Elfring R, Moulijn J A. On the mechanism of the potassium carbonate catalysed gasification of activated carbon: the influence of the catalyst concentration on the reactivity and selectivity at low steam pressures[J]. Carbon, 1983, 21(1): 1-12.

[39] Wang J, Jiang M, Yao Y, et al. Steam gasification of coal char catalyzed by K_2CO_3 for enhanced production of hydrogen without formation of methane[J]. Fuel, 2009, 88(9): 1572-1579.

第6章　焦油模型化合物甲酸
分解的催化研究

6.1　引言

6.2　催化剂的制备及表征分析

6.3　催化剂催化甲酸分解性能研究

6.1 引言

焦油是煤、生物质及煤与生物质热解后的主要产物，是一种极其复杂的混合物。特别地，对于生物质，通过快速热解液态生物焦油产率可以高达 75%[1]。但是，热解后得到的焦油稳定性差、热值低、黏度高、腐蚀性强，因此，不能被直接使用，焦油的后处理技术至关重要。生物质和煤或生物质单独热解后得到的焦油中含氧物质占比很大，主要包括羧酸、醇、酮、醛、酚、呋喃、糖及其它含氧化合物[2,3]。其中酸和酮使焦油性质不稳定，且对设备具有腐蚀性，而酯和醚会降低焦油的热值。为了最大限度地利用焦油，研究者们已经对焦油组分的脱氧行为进行了大量研究。脂肪酸是生物油或生物质与煤共热解焦油的主要组分[4-6]，而甲酸和乙酸是主要的产物，将其转化为非酸性组分将大大改善生物油、煤与生物质共热解焦油的化学和物理特性。通过甲酸催化反应研究可以为焦油中酸性组分的分解研究提供参考，为催化剂的设计提供思路。目前，研究者已使用甲酸作为焦油模型化合物针对其脱氧热分解进行了深入的研究，Li 等使用密度泛函理论计算研究了焦油模型化合物甲酸在 Co 表面上的分解机理，作者指出，在 Co 存在条件下，甲酸热分解过程中，—COOH 中间体的低温下形成速度较快且占优势，在 450K 后迅速转化。其速率决定步骤为 CO—OH 断裂。作者同样使用密度泛函理论计算研究了乙酸作为焦油模型化合物在 Pd（111），Ni（111），Co（111）平面和 Co 倾斜面上的分解机理[7-10]。Karimi 等[11]使用红泥作为催化剂进行了焦油模型化合物甲酸、乙酸及甲酸和乙酸混合物的热分解研究。结果表明，红泥可以作为酸性组分分解的有效催化剂，可以将酸性组分转化为非酸性物质。

将甲酸作为焦油酸性组分模型化合物进行研究的另外一个原因是甲酸是一种公认的储氢材料[12-14]；通过贮氢材料原位释放氢气是获得氢气的有效途径之一[15-17]。而这对于焦油提质至关重要，在焦油提质过程中，甲酸可以作为内部供氢物质得到更多的烃类产物。为此，将甲酸作为模型化合物进行研究十分必要。目前，关于甲酸分解的催化剂主要包括贵金属催化剂和金属螯合物均相催化剂[13,18]。但由于贵金属稀缺且价格昂贵大大限制了它的大规模工业化应用，而螯合物催化剂在制备过程中需要使用有毒的有机溶剂，过程复杂，反应结束后还存在与反应物分离困难等缺点，也同样限制了它的进一步工业化应用。因此，开发高性能的非贵金属多相催化剂对于甲酸分解制氢意义重大。

使用非贵金属非均相催化剂用于甲酸分解，在过去几十年里也已经进行了大量研究，Fein 等[19]使用 33 种金属氧化物用于甲酸分解，发现该类催化剂在较高温度时（200～300℃）才表现出催化活性，且对氢气的选择性较差。Halawy 等[20]将 α-Fe$_2$O$_3$ 用于甲酸分解，结果表明，当反应温度为 200℃时，甲酸转化率仅为 24.1%，而此时 CO，CO$_2$ 和甲醛为主要热分解产物。Patermarakis 等[21] 使用 γ-Al$_2$O$_3$ 和掺杂后的 γ-Al$_2$O$_3$（+质量分数 1%MgO）作为催化剂，在反应温度为 275～400℃进行了甲酸分解实验研究。结果表明：在 400℃时，通过掺杂 Mg^{2+}，甲酸脱氢转化率可以高达 60%，而纯的 γ-Al$_2$O$_3$ 脱氢转化率仅为 20%。从以上结果可以看出，使用金属及金属氧化物做催化剂，甲酸转化率低，分解温度高，H$_2$ 选择性差。为此，开发新型催化剂十分必要。近期，Koroteev 等[22]制备了负载在石墨烯片上的纳米尺寸的 MoS$_2$，并用于甲酸分解，结果表明，在 250℃时，甲酸转化率可以高达 100%，此时 H$_2$ 选择性可达 49%。以上研究说明，相对于贵金属及螯合物催化剂，目前的非贵金属非均相催化剂的催化效果远远不够，仍需做出重大改进。

碳化钼催化剂由于具有类 Pt 属性，已受到研究者们的广泛关注。该催化剂在众多反应中均表现出良好的催化活性，如电解水[23,24]、水气变换反应（WGS）[25]、烃类异构化[26]、甲醇水蒸气重整反应（SRM）[27,28]、甲醇分解[29]、甲烷重整[30,31]及甲酸分解[32,33]。Flaherty 等[33] 使用钼及碳化钼作为催化剂进行了甲酸分解理论及实验研究，结果表明：在考察温度范围 350～700K 内，C-Mo(110)更有利于脱氢反应的进行，在低温 350～450K 范围内，对于脱氢反应，C-Mo(110)的选择性为 70%～75%，是 M o(110)的 15 倍（仅为 5%）。该研究表明碳化钼催化剂对于甲酸分解制氢选择性明显高于其它催化剂。因此，本章研究了由大豆提供碳源制备生物质衍生的钼基催化剂并用于蒸气相甲酸分解，重点考察了原料配比及碳化温度对该催化剂催化活性及选择性的影响。热解焦油的催化提质是低阶煤及生物质利用的重要环节之一，然而，催化剂活性和稳定性的限制已经成为其商业应用的核心挑战。结果表明由大豆制备的含碳含氮非均相钼基催化剂 α-Mo$_2$C-γ-Mo$_2$N 对于甲酸分解具有优异的催化活性、H$_2$ 选择性及稳定性，催化性能明显优于目前文献报道的其它非贵金属非均相催化剂，可为热解焦油脱氧提质催化剂的设计及进一步的工业化应用提供理论参考。

6.2 催化剂的制备及表征分析

6.2.1 催化剂的制备过程

催化剂前驱体的制备：首先，在室温条件下将七钼酸铵 [AHM，$(NH_4)_6Mo_7O_{24} \cdot 4H_2O$，Kojundo Chemical Laboratory Co.，质量分数为 99%] 溶于水中，在搅拌条件下加入研碎的大豆粉末，经过超声 60min 后得到均匀的乳浊液。之后，将之置于 90℃烘箱中保持 12h，可得催化剂前驱体。本文使用的大豆与钼酸铵的质量比分别为 1∶0.025，1∶0.05，1∶0.1，1∶0.14，1∶0.2 和 1∶1。

催化剂前驱体的碳化：对于以上所得钼基催化剂前驱体的碳化过程是在固定床中进行的。碳化前，在室温条件下首先使用 50cm³/min 的高纯 Ar 吹扫反应装置 4h 除去反应器中的空气以提供惰性氛围，之后将样品从室温以 5℃/min 的升温速率加热到所需碳化温度（650℃，750℃，800℃，850℃），并在终温条件下保持 2h。当温度降至室温后，使用 1% O_2/Ar 对所得催化剂进行钝化 12h。所得黑色固体粉末即为所需钼基催化剂。将大豆/钼酸铵质量比为 1∶0.025，1∶0.05，1∶0.1，1∶0.14，1∶0.2 和 1∶1 的催化剂分别命名为 Soy-Mo(0.025)，Soy-Mo(0.05)，Soy-Mo(0.1)，Soy-Mo(0.14)，Soy-Mo(0.2)和 Soy-Mo(1)。为了进行对比，使用同样的方法制备了 Soy-Mo (0)催化剂，即在前驱体制备过程中只加入大豆粉而不加入钼酸铵。另外，在一定配比不同碳化温度（650℃，750℃，800℃，850℃）下所得催化剂分别命名为 Soy-Mo-650，Soy-Mo-750，Soy-Mo-800 和 Soy-Mo-850。

为了进行对比，使用苹果树枝（ATB）代替大豆粉作为原料，使用同样方法制备了 ATB-Mo(0.1)催化剂，其中苹果树枝（ATB）与钼酸铵的质量比为 1∶0.1。

6.2.2 催化剂表征方法及结果

6.2.2.1 催化剂的表征方法

催化剂晶体结构表征 XRD 在日本 Rigaku Smartlab XRD 分析仪上进行，扫描范围：2θ 从 10°～90°，扫描速度为 4°/min，Cu 靶辐射，电压为 30kV，电流为 30mA。

催化剂形貌及微观结构使用 SEM（SU8010，Hitachi，Japan）和 TEM（TEM，JEM-2100F，JEOL）检测，同时可以得到催化剂的 EDS 波谱。X 射线光电子能谱（XPS）分析采用 VG 公司的 ESCALAB 250 型 X 射线光电子能谱仪，以单色化的 Al Kα 为辐射源（1486.6eV），基础真空 $7.0×10^{-8}$Pa。催化剂的碱性强度使用 CO_2-TPD 进行表征，使用仪器为日本 BEL-CAT 催化剂分析仪。元素分析（C，H，N，S 和 O）使用日本 Vario EL cube 元素分析仪进行。

6.2.2.2　催化剂的性能评价

催化剂用于甲酸分解活性评价实验是在内径为 6mm 的微型管反应器中进行的。详细的实验装置见图 6-1。

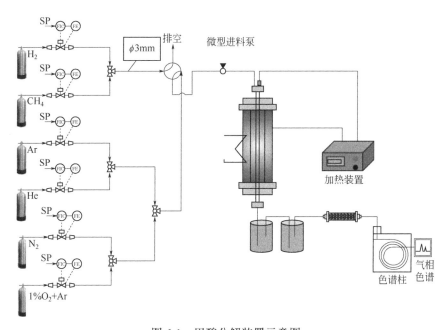

图 6-1　甲酸分解装置示意图

反应前，首先在 590℃条件下使用 CH_4 体积分数为 15% 的 CH_4/H_2 混合气氛对钼基催化剂进行活化，混合气体流速为 50cm³/min，在终温下保持 2h，除去催化剂表面的氧化层[34-36]。之后，在 100～150℃温度范围内对甲酸进行了热分解实验。具体过程如下：实验中通过微量注射泵控制甲酸的进料速率，进入反应器前通过 110℃的保温带将甲酸变为蒸气，使用 50cm³/min Ar 为载气将反应物甲酸带入反应器。催化剂用量固定为 0.25g。实验过程中使用热电偶监控反应器温度。在反应器出口处设有两个冷凝器用来收集未反应的甲酸及生成的水。气体产物使用 GC（Agilent 7890A GC system）进行组分分析。反应结束后，使用 O_2 体积分数为 1%的 O_2/Ar 混合气体对催化剂进行重新钝化，气体流速为 50cm³/min。

本研究使用甲酸转化率（X_{HCOOH}）和 CO 选择性对催化剂活性进行评估。甲酸转化率定义为产物中含 C 气体 CO 和 CO_2 之和与甲酸进料量之比。CO 选择性是指 CO 产率与 CO 和 CO_2 产率之和的比值。由于产物中只生成了 CO，CO_2 和 H_2，因此，H_2 转化率就等于 CO_2 转化率。公式如下：

$$X_{HCOOH} = \frac{n_{CO} + n_{CO_2}}{n_{HCOOH}} \times 100\%$$

6.2.2.3 催化剂的表征结果

图 6-2 为不同碳化温度和不同原料配比下所得催化剂的 XRD 表征结果。2θ 角在 34.8°，38.4°，39.8°，52.5°，61.9°，69.6°和 74.9°处的衍射峰表现为典型的 β-Mo_2C 的 XRD 特征谱(JCPDS-PDF 77-0720)，属于六方密堆积结构（hcp）；而 2θ 角在 37.1°，42.8°，62.4°和 74.5°处的衍射峰对应的为 α-MoC_{1-x} 的 XRD 特征谱（JCPDS-PDF 65-0280），属于面心立方晶格结构。图 6-2 中用黑点标注的衍射峰对应的是四方 γ-Mo_2N（JCPDS-PDF 25-1368）的衍射峰。图 6-2（a）中 25.9°处的衍射峰表明催化剂中 MoO_2 组分的存在。从图 6-2 可以看出，钼酸铵和大豆之间确实发生了固相反应，大豆中的氨基提供氮源与钼源生成了 γ-Mo_2N，而大豆中的碳源由于碳化条件及原料配比的不同将钼转化为了亚稳态的 α-MoC_{1-x} 或稳定的 β-Mo_2C[37]。图 6-2（a）使用的大豆和钼酸铵原料质量比为 1:1，从图中可以看出，在 650℃的碳化温度下，催化剂晶体结构为 α-MoC_{1-x} 相，但同时也出现了 MoO_2 的衍射峰，该结果表明：碳化温度 650℃不足以将所有的氧化钼转化为碳化钼。随着碳化温度的增加，在原料配比为 1:1 的条件下，α-相对应的衍射峰在逐渐减弱，β-相对应的衍射峰在逐渐增强，MoO_2 峰在消失。这是由于，在较高的温度下，热力学上亚稳态的 α-相很容易转化为稳定的 β-相[38]。

图 6-2（b）为在 750℃碳化温度下，使用不同原料配比所得催化剂的 XRD 谱图。从图 6-2（b）中可以看出，原料配比同样对碳化钼的晶体结构有很大影响，图中同时也给出了纯大豆碳化后的 XRD 结果。从 Soy-Mo(0)可以看出，纯大豆碳

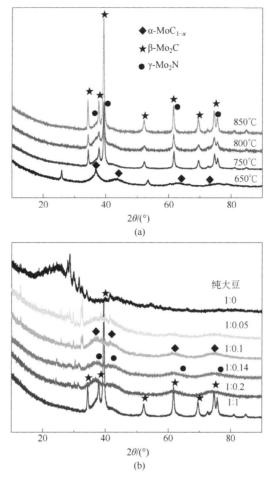

图 6-2　不同条件下所得催化剂 XRD 表征

（a）不同碳化温度下［Soy-Mo（1）］；（b）不同原料配比（Soy-Mo-750℃）

化后存在很多衍射峰。这是由于大豆是一种复杂的物质，除了主要的 C、H、O、N 等元素外，还含有大量的微量元素，如 K、Mg、Ca、Cu 等。因此，这些衍射峰应该是大豆碳化后剩余金属盐的衍射峰。另外，我们可以看到，随着前驱体中 Mo 含量的增加，$\alpha\text{-MoC}_{1-x}$ 衍射峰逐渐消失，$\beta\text{-Mo}_2\text{C}$ 逐渐生成，在原料配比为 1∶1 时表现出标准的 $\beta\text{-Mo}_2\text{C}$ 衍射峰。以上现象说明，较少的 Mo 源有利于 $\alpha\text{-MoC}_{1-x}$ 的生成，相反，前驱体中 Mo 源的增多更有利于生成 $\beta\text{-Mo}_2\text{C}$。另外，有文献指出，氨基的存在有利于反应按拓扑相变过程进行生成亚稳态 $\alpha\text{-MoC}_{1-x}$[39,40]，大豆质量比高时，存在更多的氨基，因此生成的为亚稳态 $\alpha\text{-MoC}_{1-x}$。

　　图 6-3 为在不同原料配比条件下所得钼基催化剂的 SEM 电镜图。从图中可以看出：催化剂 Soy-Mo（0），即纯大豆表面比较紧致，在催化剂表面仅可以看到很少量的孔，而随着 Mo 源在前驱体制备中质量分数的增加，催化剂变得越来越疏松，呈现出多孔的三维结构，可以为甲酸分解提供更多的活性位。为了更清楚地了解催化剂的结构，同样进行了催化剂 Soy-Mo（0.1）的 TEM 测定，结果见图 6-4。从图 6-4（a）中可以看到，大豆碳化后形成的碳基体上均匀地分布着大量的黑点。我们知道，生物质在惰性气氛下热解会放出大量的挥发分，剩余固体为半焦。在本研究中，大豆不仅提供 C 和 N 与 Mo 源生成催化剂 MoC_{1-x}/MoN，同时多余的半焦同样起着载体的作用。

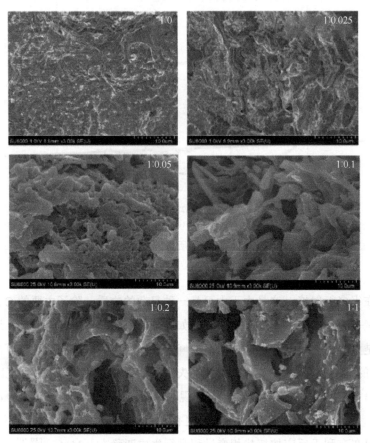

图 6-3　不同原料配比条件下催化剂的 SEM 图

图 6-4　催化剂 Soy-Mo（0.1）的 TEM 图

　　图 6-5 为催化剂 Soy-Mo（0.1）反应前后的 EDS 图谱。为了对比，同样给出了纯大豆碳化后的 EDS 图谱。我们可以看到，所有的元素都均匀地分布在催化剂表面上。从元素组成上来看，催化剂 Soy-Mo（0.1）反应前后的元素种类基本上都是一样的，主要由 C、O 和 Mo 组成，另外还含有大量的微量元素，如 K、P、S、Mg、Ca 和 Al，其中 K 元素的含量最高。而催化剂 Soy-Mo（0）除了不含 Mo 元素以外，其它元素组成与催化剂 Soy-Mo（0.1）基本上是一样的。已有文献报道，添加碱金属可以改变催化剂的电子结构特征，从而影响催化剂在许多重要

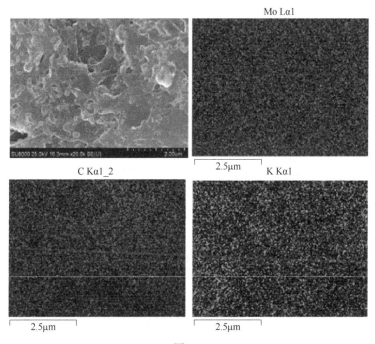

图 6-5

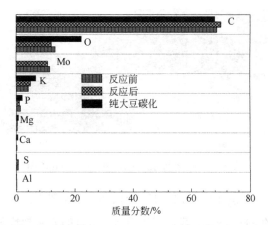

图 6-5　催化剂 Soy-Mo（0.1）反应前后 EDS 图

反应中的催化性能，如水煤气变换反应[41]、甲醇水蒸气重整反应[42]、甲酸分解反应[43]。Bulushev 等[44]研究了催化剂 Pd/C 添加 K 后对蒸气相甲酸分解的催化活性影响，结果表明，添加 K 后，甲酸分解制氢的速率提高了 1～2 个数量级。因此，大豆中大量存在的 K 元素会有利于甲酸的分解反应。另外，我们注意到，在 EDS 能谱中并没有检测到 N 元素的谱图，这可能是由于 N 含量低。因此，为了进一步证明 N 元素的存在，对催化剂进行了进一步的元素分析，结果见表 6-1。

表 6-1　催化剂 Soy-Mo（0）和 Soy-Mo（0.1）的元素分析

	Soy-Mo（0）	Soy-Mo（0.1）	Soy-Mo（0.1）碳化前
C	50.69	46.78	56.74
H	7.41	6.91	0.85
N	6.26	6.27	2.17
S	0.16	0.11	0.56
O[①]	35.48	39.93	39.68
C/N	8.09	7.46	26.13
C/H	6.84	6.77	66.66

① 差减法

从表 6-1 可以看出，碳化前催化剂 Soy-Mo（0.1）的前驱体中的 C/N 和 C/H 摩尔比远大于该催化剂碳化后和纯大豆碳化后的摩尔比。这是由于，在碳化过程中，大豆会发生热解，放出大量挥发分，生成焦油，而剩余的只有固体半焦，而半焦中 C 的含量远大于原料中 C 的含量。从 C/N 比例可以看出，催化剂 Soy-Mo（0.1）中的 N 含量大于 Soy-Mo（0）中的 N 含量，表明 Mo 源和大豆中的氨基发生了固态反应生成了 γ-Mo_2N[37]，阻止了碳化过程中 N 元素的流失。

图 6-6 给出了不同原料配比下制备所得催化剂的 CO_2-TPD 图，催化剂的碱性值见表 6-2。从图 6-6 及表 6-2 可以看出：对于纯大豆 [Soy-Mo（0）]，催化剂的碱性很弱，仅为 0.021mmol/g。随着 Mo 源含量的增加，催化剂的碱性呈现先增加后降低的趋势，其中催化剂 Soy-Mo(0.1)的碱性最强。

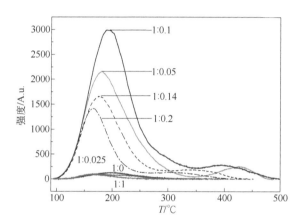

图 6-6　不同原料配比制备催化剂的 CO_2-TPD 表征

表 6-2　不同原料配比下催化剂的碱性

原料质量比（大豆：AHM）	碱度/(mmol/g)
1：0	0.021
1：0.025	0.018
1：0.05	0.357
1：0.1	0.502
1：0.14	0.269
1：0.2	0.179
1：1	0.010

为了进一步证明 MoC_{1-x} 和 γ-Mo_2N 的生成，使用 XPS 对催化剂 Soy-Mo（0.1）的表面价态进行了进一步的测定，结果见图 6-7。如图 6-7（a）所示，通过分峰

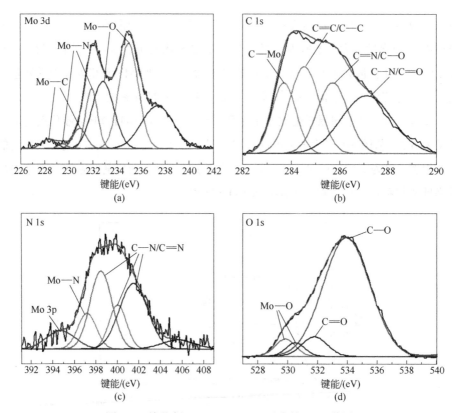

图 6-7 催化剂 Soy-Mo（0.1）对应的 XPS 谱图

拟合，Mo3d 谱图可以被分为 7 个峰，在催化剂表面存在 3 种不同的 Mo 组分：结合能为 228.4eV 和 230.9eV 处的两个峰归属于催化剂中的 C—Mo 峰，而结合能为 229.5eV 和 231.9eV 所对应的两个峰为 Mo 的氮化物所对应的峰，证明了 Mo—N 键的生成，剩余衍射峰对应的为 Mo—O 峰。该结果进一步证实了从 XRD 所得结果，即钼酸铵和大豆之间发生了固态反应，催化剂 Soy-Mo（0.1）是由碳化钼和氮化钼组成的，氧化钼的存在应该是由于催化剂在钝化过程中形成的。图 6-7（b）为 C1s 高分辨率下的 XPS 图谱。通过分峰后可以看到，结合能为 283.6eV 对应的峰为 C—Mo 键对应峰，而结合能为 284.5eV，285.6eV 和 287.1eV 对应的峰归属于 C=C/C—C，C=N/C—O 和 C—N/C=O 键，这些峰是剩余半焦载体中 C 元素产生的峰。在 N1s 的 XPS 图谱中，见图 6-7（c），结合能为 394.7eV 对应的峰归属为 Mo 3p，而结合能为 397.1eV 对应峰为 Mo—N 键产生的峰，进一步证明了 γ-Mo$_2$N 的生成。剩余的键合能在 398.48eV，400.03eV 和 401.51eV 处的峰属于碳化后剩余半焦中 C—N/C≡N 键对应的峰。最后，对催化剂中的 O1s XPS 图谱进行了分峰处理，分峰结果见图 6-7（d）。其中，键合能为 529.8eV 和 530.5eV 的峰对应于 Mo—O 键，而 531.7eV 和 533.8eV 处的峰为 C≡O 和 C—O 中 O 产生的峰[45]。因此，通过 XPS 分析进一步确定了从 XRD 所得到的结果，即所制备的催化剂主要由碳化钼和 γ-Mo₂N 组成。

6.3　催化剂催化甲酸分解性能研究

6.3.1　不同条件对催化性能的影响

6.3.1.1　碳化温度对催化性能的影响

在 100~150℃范围内，考察了不同碳化温度（650℃，750℃，800℃，850℃）所制备催化剂对甲酸分解的催化性能，结果见图 6-8。从图 6-8（a）我们可以看到，随着碳化温度的增加，甲酸转化率先增加后减少，在反应温度低于 130℃时，碳化温度为 750℃所制备的催化剂具有最高的催化活性，在反应温度 120℃时，甲酸转化率大于 80%。这是由于，碳化温度为 650℃时制备的催化剂中存在明显的 MoO_2 峰［图 6-2（a）］，即该碳化温度不足以将氧化钼完全转化为碳化钼，因此，尽管该温度下得到的碳化钼为 $α-MoC_{1-x}$，但其催化活性并不是最高的。当碳化温度大于 650℃时，$α-MoC_{1-x}$ 相在减少而 $β-Mo_2C$ 在增加，当碳化温度增加至 850℃时，所得催化剂仅包含 $β-Mo_2C$ 和 $γ-Mo_2N$，不存在 $α-MoC_{1-x}$。结合图 6-8（a）可以看出，$β-Mo_2C$ 相对于甲酸分解的催化活性较低。

CO 选择性是甲酸分解反应的另一个重点考察指标，因为它会引起燃料电池中 Pt 催化剂的中毒[46,47]。图 6-8（b）给出了对应于图 6-8（a）的 CO 选择性结果。从图中可以看到，H_2 和 CO_2 是产物中主要的气体成分，CO 含量很少，均小于 2.5%，该结果从图 6-8（c）中同样可以看出。其中，碳化温度为 650℃时，CO 选择性是最高的，但最高值也仅为 2.24%，这说明从大豆得到的该类催化剂对于甲酸分解脱氢选择性较高。当碳化温度从 650℃增加至 750℃时，CO 选择性明显降低，大于 750℃后，CO 选择性降低不明显。结合催化剂的活性和选择性，最终确定最佳碳化温度为 750℃。

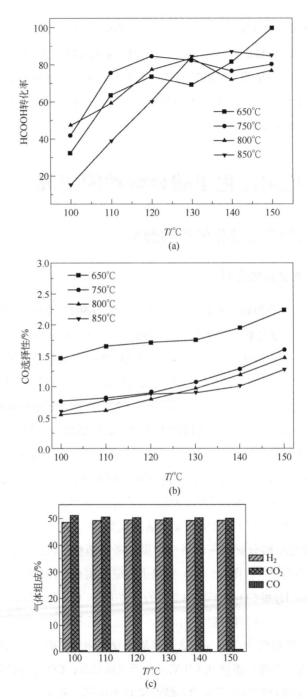

图 6-8　不同碳化温度下制备催化剂用于甲酸分解实验结果

（a）甲酸转化率；（b）CO 选择性；（c）750℃碳化温度下气体产物组成（大豆与钼酸铵原料配比为 1∶1）

6.3.1.2 原料配比对催化活性的影响

在最佳碳化温度 750℃下进一步研究了原料配比对催化剂用于甲酸分解催化活性的影响。从图 6-9 可以看到，原料配比无论对甲酸转化率还是 CO 选择性都有明显的影响。从图 6-9（a）可以看出，催化剂 Soy-Mo（0）即仅使用纯大豆制备的催化剂在 100～150℃范围内对甲酸分解基本上没有催化活性，从图 6-9（b）可以看出，在温度较高时才仅有很少量的气体产生且 CO 选择性很高。但当加入很少量的 Mo 源后，如催化剂 Soy-Mo（0.025），催化剂的活性明显得到提高，在 110℃时甲酸转化率可达 40%，随着 Mo 源的进一步增加，在大豆/钼酸铵为 1∶0.1 之前，随着钼源（AHM）的增加催化活性也在增加，但当大豆/钼酸铵质量比大于 1∶0.1 时，钼源（AHM）含量的进一步增加反而导致催化活性的降低。因此，在 750℃碳化温度条件下，大豆/钼酸铵质量比为 1∶0.1 时催化活性最高。

图 6-9（b）给出了不同原料配比条件下 CO 选择性结果。从图中可以看到，CO 选择性随着钼源 AHM 含量的增加而增加。同时，我们可以看到，对于所有的催化剂，随着反应温度的升高，CO 含量都在增加。综合以上结果可见，在反应温度 110℃时催化剂 Soy-Mo（0.1）表现出最优的催化活性和选择性。此时，甲酸转化率高达 85%且无 CO 生成，即 H_2 选择性达到了 100%。众所周知，甲酸分解主要有两条路径，一条是通过脱氢生成 H_2，副产物为 CO_2；另一条路径是脱水生成 CO 和 H_2O。因此，催化剂 Soy-Mo（0.1）是甲酸分解制氢的优良催化剂，相比于目前文献所见的非贵金属非均相催化剂，反应温度低，甲酸转化率和 H_2 选择性均较高，特别是 H_2 选择性可以达到 100%。

催化剂的性能必定与催化剂的结构存在很大关系。已经有大量文献报道，在许多重要的化学反应中 α-MoC_{1-x} 催化活性通常会优于 β-Mo_2C[38,48]。如在甲烷非氧化转化为芳香化合物的研究中，与 β-Mo_2C 相比，α-MoC_{1-x} 表现出较高的甲烷转化率和较高的稳定性[49]。这是由于它们表面结构的不同造成的：β-Mo_2C 具有稳定的六方密堆积（hcp）晶格而 α-MoC_{1-x} 具有亚稳态的面心立方（FCC）的晶格，因此，α-MoC_{1-x} 相表面具有更多的活性位点。从图 6-2（b）可以看到，催化剂 Soy-Mo（0.1）含有较多的 α-MoC_{1-x} 相，这可能是该催化剂催化性能高的原

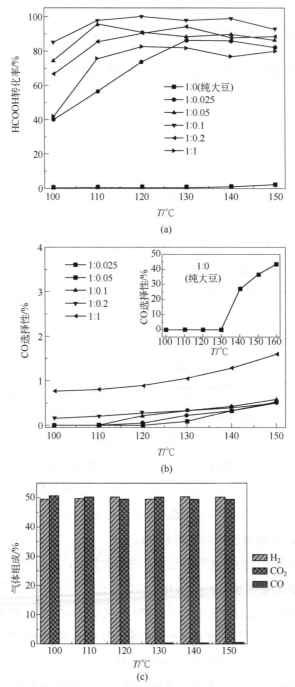

图 6-9　不同原料配比下制备催化剂用于甲酸分解实验结果

（a）甲酸转化率；（b）CO 选择性；（c）750℃碳化温度下气体产物组成（碳化温度为 750℃）

因之一。该钼基催化剂中还含有 γ-Mo$_2$N 相，而催化剂碳化钼原子晶格中 N 原子的存在也会增强催化剂的活性及稳定性[37]。另外，从图 6-6 和表 6-2 可以看出，在所有催化剂中，催化剂 Soy-Mo（0.1）具有最强的碱性。Luo 等[32]通过密度泛函理论计算得出，甲酸分解制氢反应中最小的能量路线是甲酸根路径。因此，催化剂较高的碱性有利于甲酸分子在催化剂表面吸附并生成 HCOO$^-$离子，从而得到较高的甲酸转化率。另外，大量 K 的存在（见图 6-5），催化剂碳化钼和氮化钼的均匀分散（见图 6-4）及多孔的三维结构（见图 6-3）都是该催化剂 Soy-Mo（0.1）在甲酸分解反应中表现出高的活性和选择性的重要原因。

6.3.1.3　生物质原料种类对催化性能的影响

大豆富含蛋白质。在催化剂 Soy-Mo（0.1）的制备过程中，大豆蛋白质中的氨基与钼源发生反应生成 γ-Mo$_2$N[50,51]，而大豆中的 C 与钼源发生反应生成 α-MoC$_{1-x}$[52]。为了验证蛋白质在制备该类催化剂中的重要性，我们选用了与其具有相同微量元素但不含蛋白质的苹果树枝作为原料，在相同的最优条件下制备了 ATB-Mo（0.1）催化剂。催化剂形貌、结构表征及甲酸分解的催化性能见图 6-10 和图 6-11。

从图 6-10（a）可以看出，在相同的碳化温度及相同的原料配比条件下，从苹果树枝得到的催化剂 ATB-Mo（0.1）只表现出 β-Mo$_2$C 的特征衍射峰，而从大豆制备的催化剂 Soy-Mo（0.1）表现出 α-MoC$_{1-x}$ 和 γ-Mo$_2$N 的衍射峰 [见图 6-2（b）]。另外，从图 6-10（b）催化剂 ATB-Mo（0.1）的 SEM 电镜图可以看出该催化剂的表面比较紧致而催化剂 Soy-Mo（0.1）呈现出多孔的三维结构（见图 6-3）。

图 6-11（a）和图 6-11（b）是两种催化剂用于甲酸分解催化活性的比较结果。我们可以看到，在 100℃时，使用大豆得到的催化剂 Soy-Mo（0.1），甲酸转化率可以达到 80%，而在该温度下，使用催化剂 ATB-Mo（0.1）时甲酸转化率仅为 10%。当反应温度为 110℃时，使用催化剂 Soy-Mo（0.1），甲酸转化率可以高达 90%，而使用催化剂 ATB-Mo（0.1）甲酸转化率仍然很低。从图 6-10（d）可以看出，使用催化剂 ATB-Mo（0.1）时在任何反应温度下 CO 的选择性均远远高于催化剂 Soy-Mo（0.1）。因此，以上结果表明生物质中的蛋白质对于该类催化剂的制备十分重要。

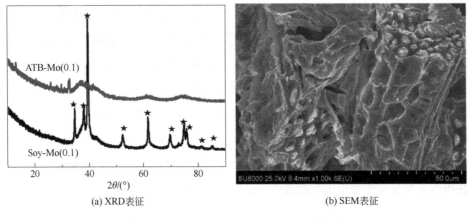

(a) XRD表征　　　　　　　　　　　　(b) SEM表征

图 6-10　催化剂 ATB-Mo（0.1）表征结果

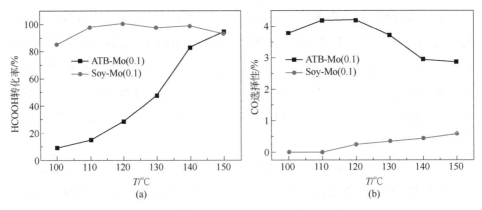

图 6-11　催化剂 ATB-Mo（0.1）甲酸分解结果
（a）甲酸转化率；（b）CO 选择性

6.3.2　催化剂的稳定性测试

从图 6-9（a）可以得出，在 110℃时，催化剂 Soy-Mo（0.1）对于甲酸分解表现出最优的催化活性和选择性。该条件下，甲酸转化率高达 90%且无 CO 生成。为了考察该催化剂的稳定性，在 110℃的反应温度下我们进行了 30h 的催化剂稳定性评价，结果见图 6-12。从图 6-12（a）中可以看到，在 30h 的稳定性实验测试过程中，甲酸转化率保持在 80%，而 CO 一直没有生成。从图 6-12（b）可以看出生成气体的组分也比较稳定，仅生成了 CO_2 和 H_2。如前所述，甲酸的热分解存在两条反应途径，脱氢生成 H_2 和 CO_2；脱水生成 CO 和水。从图 6-12（b）可以看到，

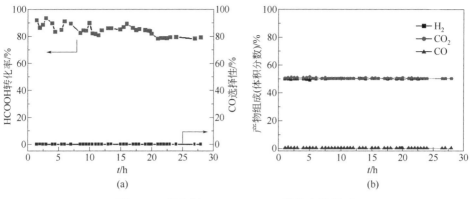

图 6-12　催化剂 Soy-Mo（0.1）的稳定性测试
（a）甲酸转化率和 CO 选择性；（b）气体组成

在 110℃反应温度下，使用催化剂 Soy-Mo（0.1），甲酸分解是按脱氢反应进行的，此时 H_2 和 CO_2 等摩尔比生成。以上结果表明，使用该方法制备的催化剂 Soy-Mo（0.1）不仅具有优良的催化活性和稳定性，而且对 H_2 具有高的选择性[53]。

参考文献

[1] Zhang Q, Chang J, Wang T, et al. Review of biomass pyrolysis oil properties and upgrading research[J]. Energy conversion and management, 2007, 48(1): 87-92.

[2] Mohan D, Pittman C U, Steele P H. Pyrolysis of wood/biomass for bio-oil: a critical review[J]. Energy & fuels, 2006, 20(3): 848-889.

[3] Guo Z, Wang S, Gu Y, et al. Separation characteristics of biomass pyrolysis oil in molecular distillation[J]. Separation and Purification Technology, 2010, 76(1): 52-57.

[4] Wang S, Li X, Guo L, et al. Experimental research on acetic acid steam reforming over Co-Fe catalysts and subsequent density functional theory studies[J]. International Journal of Hydrogen Energy, 2012, 37(15): 11122-11131.

[5] Galdámez J R, García L, Bilbao R. Hydrogen production by steam reforming of bio-oil using coprecipitated Ni-Al catalysts. Acetic acid as a model compound[J]. Energy & Fuels, 2005, 19(3): 1133-1142.

[6] Wang S, Gu Y, Liu Q, et al. Separation of bio-oil by molecular distillation[J]. Fuel Processing Technology, 2009, 90(5): 738-745.

[7] Wang S, Li X, Guo L, et al. Experimental research on acetic acid steam reforming over Co-Fe catalysts and subsequent density functional theory studies[J]. International Journal of Hydrogen Energy, 2012, 37(15): 11122-11131.

[8] Li X, Wang S, Zhu Y, et al. DFT study of bio-oil decomposition mechanism on a Co stepped surface: acetic acid as a model compound[J]. International Journal of Hydrogen Energy, 2015, 40(1): 330-339.

[9] Wang Q, Wang S, Li X, et al. Hydrogen production via acetic acid steam reforming over HZSM-5 and Pd/HZSM-5 catalysts and subsequent mechanism studies[J]. BioResources, 2013, 8(2): 2897-2909.

[10] Li X, Wang S, Zhu Y, et al. Density functional theory and microkinetic studies of bio-oil decomposition on a cobalt surface: formic acid as a model compound[J]. Energy & Fuels, 2017, 31(2): 1866-1873.

[11] Karimi E, Gomez A, Kycia S W, et al. Thermal decomposition of acetic and formic acid catalyzed by red mud- implications for the potential use of red mud as a pyrolysis bio-oil upgrading catalyst[J]. Energy & Fuels, 2010, 24(4): 2747-2757.

[12] Supronowicz W, Ignatyev I A, Lolli G, et al. Formic acid: a future bridge between the power and chemical industries[J]. Green Chemistry, 2015, 17(5): 2904-2911.

[13] Singh A K, Singh S, Kumar A. Hydrogen energy future with formic acid: a renewable

chemical hydrogen storage system[J]. Catalysis Science & Technology, 2016, 6(1): 12-40.

[14] Joó F. Breakthroughs in hydrogen storage-formic acid as a sustainable storage material for hydrogen[J]. ChemSusChem, 2008, 1(10): 805-808.

[15] Niaz S, Manzoor T, Pandith A H. Hydrogen storage: Materials, methods and perspectives[J]. Renewable and Sustainable Energy Reviews, 2015, 50: 457-469.

[16] Zhou L. Progress and problems in hydrogen storage methods[J]. Renewable and Sustainable Energy Reviews, 2005, 9(4): 395-408.

[17] Wang J, Cao J, Ma Y, et al. Decomposition of formic acid for hydrogen production over metal doped nanosheet-like MoC_{1-x} catalysts[J]. Energy Conversion and Management, 2017, 147: 166-173.

[18] Grasemann M, Laurenczy G. Formic acid as a hydrogen source: recent developments and future trends[J]. Energy & Environmental Science, 2012, 5(8): 8171-8181.

[19] Fein D E, Wachs I E. Quantitative determination of the catalytic activity of bulk metal oxides for formic acid oxidation[J]. Journal of Catalysis, 2002, 210(2): 241-254.

[20] Halawy S A, Al-Shihry S S, Mohamed M A. Gas-phase decomposition of formic acid over Fe_2O_3 catalysts[J]. Catalysis letters, 1997, 48(3): 247-251.

[21] Patermarakis G. The parallel dehydrative and dehydrogenative catalytic action of γ-Al_2O_3 pure and doped by MgO: Kinetics, selectivity, time dependence of catalytic behaviour, mechanisms and interpretations[J]. Applied Catalysis A: General, 2003, 252(2): 231-241.

[22] Koroteev V O, Bulushev D A, Chuvilin A L, et al. Nanometer-sized MoS_2 clusters on graphene flakes for catalytic formic acid decomposition[J]. ACS Catalysis, 2014, 4(11): 3950-3956.

[23] Chen W F, Muckerman J T, Fujita E. Recent developments in transition metal carbides and nitrides as hydrogen evolution electrocatalysts[J]. Chemical Communications, 2013, 49(79): 8896-8909.

[24] Meng F, Hu E, Zhang L, et al. Biomass-derived high-performance tungsten-based electrocatalysts on graphene for hydrogen evolution[J]. Journal of Materials Chemistry A, 2015, 3(36): 18572-18577.

[25] Nagai M, Matsuda K. Low-temperature water-gas shift reaction over cobalt-molybdenum carbide catalyst[J]. Journal of Catalysis, 2006, 238(2): 489-496.

[26] Blekkan E A, Pham-Huu C, Ledoux M J, et al. Isomerization of n-heptane on an oxygen-modified molybdenum carbide catalyst[J]. Industrial & engineering chemistry research, 1994, 33(7): 1657-1664.

[27] Barthos R, Solymosi F. Hydrogen production in the decomposition and steam reforming of methanol on Mo_2C/carbon catalysts[J]. Journal of catalysis, 2007, 249(2): 289-299.

[28] Lin S S Y, Thomson W J, Hagensen T J, et al. Steam reforming of methanol using supported Mo_2C catalysts[J]. Applied Catalysis A: General, 2007, 318: 121-127.

[29] Széchenyi A, Solymosi F. Production of hydrogen in the decomposition of ethanol and methanol over unsupported Mo_2C catalysts[J]. The Journal of Physical Chemistry C, 2007,

111(26): 9509-9515.

[30] Zhang A, Zhu A, Chen B, et al. In-situ synthesis of nickel modified molybdenum carbide catalyst for dry reforming of methane[J]. Catalysis Communications, 2011, 12(9): 803-807.

[31] Brungs A J, York A P E, Claridge J B, et al. Dry reforming of methane to synthesis gas over supported molybdenum carbide catalysts[J]. Catalysis Letters, 2000, 70(3): 117-122.

[32] Luo Q, Wang T, Walther G, et al. Molybdenum carbide catalysed hydrogen production from formic acid: A density functional theory study[J]. Journal of Power Sources, 2014, 246: 548-555.

[33] Flaherty D W, Berglund S P, Mullins C B. Selective decomposition of formic acid on molybdenum carbide: A new reaction pathway[J]. Journal of Catalysis, 2010, 269(1): 33-43.

[34] Ma Y, Guan G, Shi C, et al. Low-temperature steam reforming of methanol to produce hydrogen over various metal-doped molybdenum carbide catalysts[J]. International journal of hydrogen energy, 2014, 39(1): 258-266.

[35] Ma Y, Guan G, Phanthong P, et al. Catalytic activity and stability of nickel-modified molybdenum carbide catalysts for steam reforming of methanol[J]. The Journal of Physical Chemistry C, 2014, 118(18): 9485-9496.

[36] Ma Y, Guan G, Hao X, et al. Highly-efficient steam reforming of methanol over copper modified molybdenum carbide[J]. RSC Advances, 2014, 4(83): 44175-44184.

[37] Chen W F, Iyer S, Iyer S, et al. Biomass-derived electrocatalytic composites for hydrogen evolution[J]. Energy & Environmental Science, 2013, 6(6): 1818-1826.

[38] Ma Y, Guan G, Phanthong P, et al. Steam reforming of methanol for hydrogen production over nanostructured wire-like molybdenum carbide catalyst[J]. International Journal of Hydrogen Energy, 2014, 39(33): 18803-18811.

[39] Széchenyi A, Solymosi F. Production of hydrogen in the decomposition of ethanol and methanol over unsupported Mo$_2$C catalysts[J]. The Journal of Physical Chemistry C, 2007, 111(26): 9509-9515.

[40] Lee J S, Volpe L, Ribeiro F H, et al. Molybdenum carbide catalysts: II. Topotactic synthesis of unsupported powders[J]. Journal of catalysis, 1988, 112(1): 44-53.

[41] Gao P, Graham U M, Shafer W D, et al. Nanostructure and kinetic isotope effect of alkali-doped Pt/silica catalysts for water-gas shift and steam-assisted formic acid decomposition[J]. Catalysis Today, 2016, 272: 42-48.

[42] Koós Á, Barthos R, Solymosi F. Reforming of methanol on a K-promoted Mo$_2$C/Norit catalyst[J]. The Journal of Physical Chemistry C, 2008, 112(7): 2607-2612.

[43] Jia L, Bulushev D A, Beloshapkin S, et al. Hydrogen production from formic acid vapour over a Pd/C catalyst promoted by potassium salts: Evidence for participation of buffer-like solution in the pores of the catalyst[J]. Applied Catalysis B: Environmental, 2014, 160: 35-43.

[44] Bulushev D A, Jia L, Beloshapkin S, et al. Improved hydrogen production from formic acid on a Pd/C catalyst doped by potassium[J]. Chemical Communications, 2012, 48(35): 4184-4186.

[45] Qiu J, Yang Z, Li Q, et al. Formation of N-doped molybdenum carbide confined in hierarchical and hollow carbon nitride microspheres with enhanced sodium storage properties[J]. Journal of Materials Chemistry A, 2016, 4(34): 13296-13306.

[46] Grasemann M, Laurenczy G. Formic acid as a hydrogen source: recent developments and future trends[J]. Energy & Environmental Science, 2012, 5(8): 8171-8181.

[47] Farrauto R, Hwang S, Shore L, et al. New material needs for hydrocarbon fuel processing: generating hydrogen for the PEM fuel cell[J]. Annual Review of Materials Research, 2003, 33(1): 1-27.

[48] Ranhotra G S, Bell A T, Reimer J A. Catalysis over molybdenum carbides and nitrides: II. Studies of CO hydrogenation and C_2H_6 hydrogenolysis[J]. Journal of Catalysis, 1987, 108(1): 40-49.

[49] Bouchy C, Schmidt I, Anderson J R, et al. Metastable fcc α-MoC_{1-x} supported on HZSM5: preparation and catalytic performance for the non-oxidative conversion of methane to aromatic compounds[J]. Journal of Molecular Catalysis A: Chemical, 2000, 163(1): 283-296.

[50] Wang H M, Wang X H, Zhang M H, et al. Synthesis of bulk and supported molybdenum carbide by a single-step thermal carburization method[J]. Chemistry of Materials, 2007, 19(7): 1801-1807.

[51] Afanasiev P. New single source route to the molybdenum nitride Mo_2N[J]. Inorganic chemistry, 2002, 41(21): 5317-5319.

[52] Kugler E L, Clark C H, Wright J H, et al. Preparation, interconversion and characterization of nanometer-sized molybdenum carbide catalysts[J]. Topics in catalysis, 2006, 39(3): 257-262.

[53] Wang J, Li X, Zheng J, et al. Non-precious molybdenum-based catalyst derived from biomass: CO-free hydrogen production from formic acid at low temperature[J]. Energy Conversion and Management, 2018, 164: 122-131.